AXURE RP8
PROTOTYPE DESIGN(WEB+APP)

Axure RP8

原型设计 图解视频教程

Web+App

极客学院

刘刚 / 著

U0381931

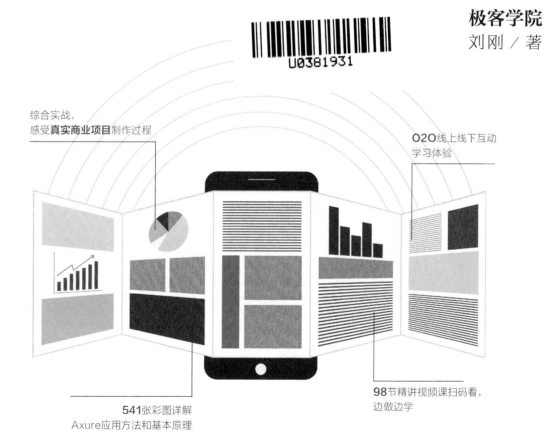

综合实战，
感受真实商业项目制作过程

O2O线上线下互动
学习体验

541张彩图详解
Axure应用方法和基本原理

98节精讲视频课扫码看，
边做边学

人民邮电出版社
北 京

图书在版编目（ＣＩＰ）数据

Axure RP8原型设计图解视频教程：Web+App / 刘刚
著. -- 北京：人民邮电出版社，2017.6（2022.5重印）
ISBN 978-7-115-44513-1

Ⅰ．①A… Ⅱ．①刘… Ⅲ．①网页制作工具—教材
Ⅳ．①TP393.092.2

中国版本图书馆CIP数据核字(2016)第316313号

内 容 提 要

本书较为全面地介绍了利用 Axure 软件进行原型设计的方法和技巧。全书分为 3 篇，共 11 章，第一篇原型设计 Axure 基础，介绍了 Axure 原型设计概述、用页面区域管理软件页面、用 Axure 元件库搭积木、用 Axure 动态面板制作动态效果、使用 Axure 变量制作丰富交互效果、用 Axure 母版减少重复工作；第二篇 Axure 高级交互效果，介绍了用 Axure 链接行为制作交互效果、用 Axure 元件行为制作交互效果、用中继器模拟数据库操作；第三篇综合实战应用，介绍了支付宝 App 低保真原型设计、携程旅游网站高保真原型设计。通过学习 Axure 基础和项目综合案例，读者可以全面、深入、透彻地理解 Axure 原型设计工具的使用方法，提高产品设计能力和项目实战能力。

本书可以作为高等院校、高职高专、培训班 Axure 课程的教材，也可供交互设计师、入门级产品经理等广大 Axure 设计人员学习参考。

◆ 著　　　　　极客学院　刘　刚

　　责任编辑　桑　珊
　　责任印制　焦志炜

◆ 人民邮电出版社出版发行　　北京市丰台区成寿寺路 11 号
　　邮编　100164　电子邮件　315@ptpress.com.cn
　　网址　http://www.ptpress.com.cn
　　固安县铭成印刷有限公司印刷

◆ 开本：787×1092　1/16
　　印张：16　　　　　　　　　　2017 年 6 月第 1 版
　　字数：448 千字　　　　　　　2022 年 5 月河北第 12 次印刷

定价：79.80 元

读者服务热线：(010) 81055256　印装质量热线：(010) 81055316
反盗版热线：(010) 81055315
广告经营许可证：京东市监广登字20170147号

前 言

？ 为什么要学Axure

　　Axure 是一个专业的快速原型设计软件，它可以让产品经理、程序员、设计师们根据需求设计功能和界面，快速创建应用软件的线框图、流程图、原型和规格说明文档，并且同时支持多人协作和版本控制管理，是交互设计师、产品经理必会的一款原型设计工具，Axure经过多年的发展，已经是非常成熟的，广受欢迎的原型设计工具，市场占有率不断提高，已成为网页设计、App设计等领域的关键性技术之一。

使用本书，3步学会Axure

STEP 1 章首页图文理解应用方法和基本原理，了解本章案例最终效果。

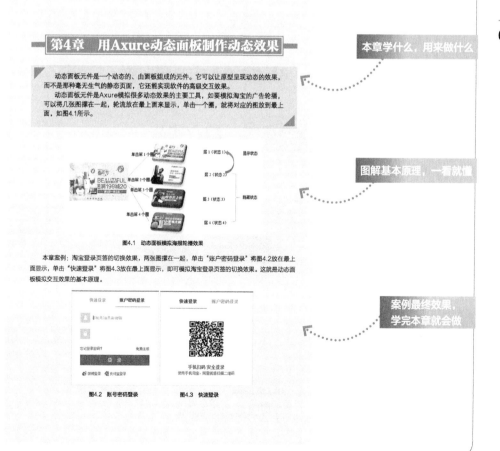

第4章　用Axure动态面板制作动态效果

　　动态面板元件是一个动态的、由面板组成的元件。它可以让原型呈现动态的效果，而不是那种毫无生气的静态页面，它还能实现软件的高级交互效果。
　　动态面板元件是Axure模拟很多动态效果的主要工具，如要模拟淘宝的广告轮播，可以将几张图摆在一起，轮流放在最上面来显示，单击一个圈，就将对应的图放到最上面。如图4.1所示。

本章学什么，用来做什么

图4.1 动态面板模拟海报轮播效果

图解基本原理，一看就懂

　　本章案例：淘宝登录页签的切换效果，两张图摆在一起，单击"账户密码登录"将图4.2放在最上面显示，单击"快速登录"将图4.3放在最上面显示，即可模拟淘宝登录页签的切换效果。这就是动态面板模拟交互效果的基本原理。

案例最终效果，学完本章就会做

图4.2 账号密码登录　　　图4.3 快速登录

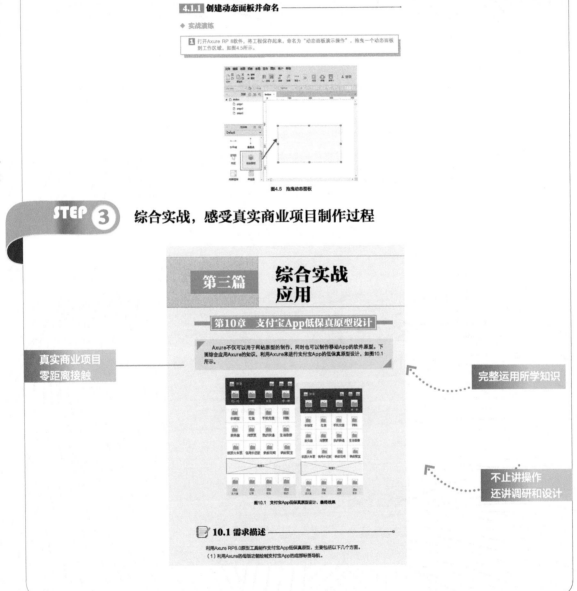

STEP 2 边做边学，扫码看精讲视频

知识点简明扼要

4.1 动态面板的使用

动态面板元件是怎么实现动态效果的呢？动态面板元件里包含各种状态，可以把动态面板理解为装载这些状态的容器。我们在上学的时候，经常把作业本摞成一摞，所以只能看到最上面一本的封面。这一摞作业本就是动态面板。每本作业本就是动态面板中的一个状态，只有最上面的一个状态是可见的，其他状态都是隐藏的，如图4.4所示。动态面板的图标很形象地描绘出了动态面板元件的功能。

微信扫码看，经验、方法、过程尽在小刚老师精讲视频

看图为主
拒绝枯燥乏味

图4.4　作业本和动态面板图标

下面就以学生作业本为例来学习动态面板的使用。

4.1.1 创建动态面板并命名

◆ 实战演练

1　打开Axure RP 8软件，将工程保存起来，命名为"动态面板演示操作"，拖曳一个动态面板到工作区域，如图4.5所示。

图4.5　拖曳动态面板

STEP 3 综合实战，感受真实商业项目制作过程

真实商业项目
零距离接触

第三篇 **综合实战应用**

第10章　支付宝App低保真原型设计

Axure不仅可以用于网站原型的制作，同时也可以制作移动App的软件原型。下面综合应用Axure的知识，利用Axure来进行支付宝App的低保真原型设计，如图10.1所示。

完整运用所学知识

不止讲操作
还讲调研和设计

图10.1　支付宝App低保真原型设计、最终效果

10.1 需求描述

利用Axure RP8.0原型工具制作支付宝App低保真原型，主要包括以下几个方面。

（1）利用Axure的母版功能绘制支付宝App的底部标签导航栏。

小刚老师简介

本名刘刚，高级项目管理师、中级项目监理师，曾就职于科大讯飞股份有限公司、中国擎天软件公司、北京神州软件技术有限公司子公司，软件项目研发、设计和管理经验丰富，负责纪检监察廉政监督监管平台、国家邮政局项目、政务大数据项目等的设计与开发，出版畅销书《原型设计大师：Axure RP 网站与 APP 设计从入门到精通》。

Free **平台支撑，免费赠送资源**

☑ 全部案例素材、最终文件（云盘下载链接pan.baidu.com/s/1boLXfAn）
☑ 全书电子教案（登录人邮教育社区www.ryjiaoyu.com下载）
☑ 高清视频教程（扫书中二维码或登录微课云课堂均可查看，云盘下载链接pan.baidu.com/s/1miHRoY8）
☑ 极客学院Axure拓展视频教程（扫书中二维码或登录微课云课堂均可查看，云盘下载链接pan.baidu.com/s/1skJ2HvJ）
☑ "微课云课堂"近50000个视频课程一年免费学习权限（登录微课云课堂学习）

"微课云课堂"目前包含近50000个视频课程，在资源展现上分为"微课云""云课堂"这两种形式。"微课云"是该平台中所有微课的集中展示区，用户可随需选择；"云课堂"是在现有微课云的基础上，为用户组建的推荐课程群，用户可以在"云课堂"中按推荐的课程进行系统化学习，或者将"微课云"中的内容进行自由组合，定制符合自己需求的课程。

"微课云课堂"主要特点

微课资源海量，持续不断更新："微课云课堂"充分利用了出版社在信息技术领域的优势，以人民邮电出版社60多年的发展积累为基础，将资源经过分类、整理、加工以及微课化之后提供给用户。

资源精心分类，方便自主学习："微课云课堂"相当于一个庞大的视频课程资源库，按照门类进行一级和二级分类，以及难度等级分类，不同专业、不同层次的用户均可以在平台中搜索自己需要或者感兴趣的内容资源。

多终端自适应，碎片化移动化：绝大部分微课时长不超过10分钟，可以满足读者碎片化学习的需要；平台支持多终端自适应显示，除了在PC端使用外，用户还可以在移动端随心所欲地进行学习。

"微课云课堂"使用方法

扫描封面上的二维码或者直接登录"微课云课堂"（www.ryweike.com）→用手机号码注册→在用户中心输入本书激活码（db6674a5），将本书包含的微课资源添加到个人账户，获取永久在线观看本课程视频课程的权限，可下载书中所有赠送资源。

此外，购买本书的读者还将获得一年期价值168元VIP会员资格，可免费学习50000视频课程。

著者

2017年2月

微课云课堂

人人皆学、处处能学、时时可学

什么是"微课云课堂"

微课云
50000 个微课视频的集中展示区，用户可随需选择

云课堂
系统化的课程群，用户可自由组合定制所需课程

"微课云课堂"主要特点

微课资源海量，持续不断更新

50000 微课视频

资源精心分类，方便自主学习

程序设计　网络技术　艺术设计　数字传媒

土木建筑　交通运输　中国制造　就业与创新创业　电子技术

辅助设计　经济管理　图形图像　办公自动化

多终端自适应，碎片化移动化

如何用"微课云课堂"

1 购买本书

2 完成注册
扫描封面二维码或直接登录
www.ryweike.com
使用手机号码完成注册

ryweike

3 输入激活码
从本书前言获取激活码
将本书微课资源添加到个人账户

4 在线学习
永久观看
本课程微课视频

5 超值附送
赠送一年期价值
128 元 VIP 会员资格
可免费学 50000 微课视频

目　录

第一篇
原型设计及Axure基础

第二篇
Axure高级交互效果

第三篇
综合实战应用

第一篇 原型设计及 Axure基础

第1章 Axure原型设计概述

信息化高速发展的今天，从过去有软件可以使用，到现在定制自己使用的软件，用户有了更多实现自己的想法和需求的方式，但是用户往往并不能清晰和完整地表达自己的需求，而产品的设计原型恰恰能快速地挖掘出用户的真实需求。通过制作软件产品的设计原型，向用户演示并讲解产品原型的使用，在演示过程中捕捉用户的实际需求；项目组人员根据设计原型进行沟通，明确软件产品的目标，可以大大提高项目组成员的工作效率，并降低沟通成本，如图1.1所示。

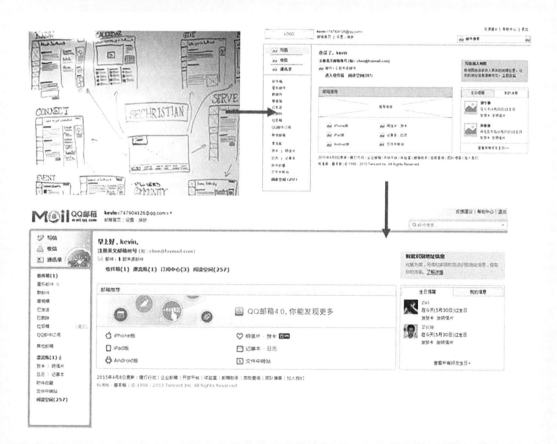

图1.1 通过原型设计预先展示产品效果

1.1 什么是软件原型

软件原型，可以理解成软件的Demo，它并不是一个可以作为最终使用的软件，而是利用某种物品（如纸、笔）或者某种工具（如Axure）快速地勾勒出的软件的大致结构，再添加一些交互效果，来模拟软件的功能操作。原型大致可以分为3类：草图原型、低保真原型和高保真原型。

视频课程

什么是Axure 原型

1.1.1 草图原型

草图原型，可以称为纸面原型，能描述产品的大概需求，记录瞬间灵感，如图1.2所示。

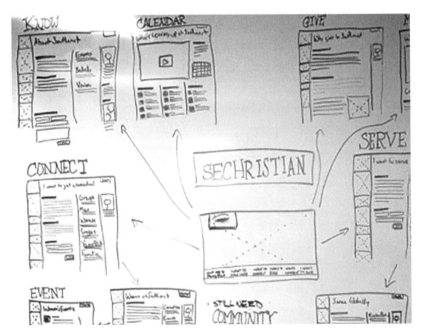

图1.2 草图原型

很多产品经理或者设计师在使用专业原型工具来进行设计之前，都经历过草图原型的设计，设计师们喜欢在白纸上或者白板上勾勒软件的大致样子，也就是软件的骨架。这种方式可以快速地记录他们的灵感，也方便修改软件的原型，现在市面上也有纸面原型的模具出售，这样更方便我们设计师进行纸面原型的设计。草图原型的优缺点如下。

缺点:	产品经理或者设计师们画的草图，除了自己，别人很难充分理解，不适于向客户进行展示。
优点:	可以简单、快捷地描述出产品大概需求，记录瞬间的灵感。这样的原型适合于项目小、工期短、用户需求少的产品。

1.1.2 低保真原型

低保真原型是根据需求或草图原型，利用相关设计工具制作的简单的软件原型，如图1.3所示。

图1.3　低保真原型

低保真原型可以展现出软件的大致结构和基本交互效果，但是在界面美观程度和交互效果上还不能和真实软件相比。低保真原型的优缺点如下。

缺点： 美观上和交互效果上还很欠缺。

优点： 快速构建产品大致结构，提供基本交互效果，是团队成员间有效的沟通方式。

1.1.3 高保真原型

高保真原型是用来演示产品效果的Demo，在视觉上与真实产品一样，体验上也几乎接近真实产品，如图1.4所示。

图1.4　高保真原型

为了达到与真实软件一样的效果，高保真原型需要在设计上需要投入更多精力和时间，这种原型多是用来给客户进行演示，在视觉和体验上征服客户，最终赢得用户信赖的。高保真原型的优缺点如下。

缺点:	需要投入大量的精力和时间。
优点:	可以模拟出真实软件的界面及交互效果。

注　意

根据项目的大小、类型、工期及用户的需求来选择制作哪类原型。如果只是想勾勒系统的大致结构，可以采用草图原型；如果想描述清楚系统的功能结构和基本交互效果，方便项目组人员沟通交流，可以采用低保真原型；如果想给客户演示系统交互效果或者展示设计效果，可以采用高保真原型。

1.2 Axure RP8 软件安装

Axure RP是一款专业的快速原型设计软件，是美国Axure Software Solution公司的旗舰产品，RP是Rapid Prototyping（快速原型）的缩写。Axure RP8的软件图标如图1.5所示。

图1.5　Axure RP8软件图标

Axure RP可以帮助设计师们根据需求设计功能和界面，快速地创建应用软件的线框图、流程图、原型和规格说明文档，并且同时支持多人协作和版本控制管理。

我们可以从官网上下载Axure RP8软件安装包，进行软件的安装。安装步骤如下。

1 双击AxureRP-Pro-Setup.exe文件，打开安装初始化界面，由于平台语言的兼容性问题会出现乱码，但并不影响软件的安装及使用，如图1.6所示。

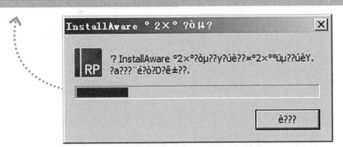

图1.6　Axure RP8开始安装

2 在 "License Agreement" 界面中勾选 "I Agree" 复选框，同意Axure安装协议，单击 "Next" 按钮继续安装，如图1.7所示。

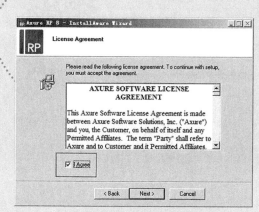

图1.7 同意安装协议

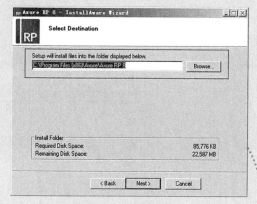

图1.8 选择安装路径

3 在 "Select Destination" 界面中选择安装存放路径，可以使用默认的安装路径，也可自定义安装路径，之后单击 "Next" 按钮进行下一步，如图1.8所示。

4 在 "Program Shortcuts" 界面中有两个单选按钮，"All Users" 代表所有用户都可以使用，"Current User Only" 代表只有自己可以使用，选择第一个单选按钮，单击 "Next" 按钮继续安装，如图1.9所示。

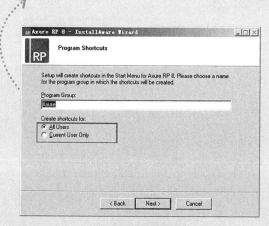

图1.9 用户使用权限

图1.10 完成安装

5 一直单击 "Next" 按钮，最后单击 "Finish" 按钮完成安装，如图1.10所示。

1.3 认识Axure软件界面

　　Axure软件界面大致可以分为8个区域，分别为菜单栏区域、工具栏区域、页面区域、元件库区域、母版区域、工作区域、检视区域、页面概要区域，如图1.11所示。

图1.11　软件界面

1.3.1 菜单栏区域

　　菜单栏区域有文件、编辑、视图、项目、布局、发布、团队、账户、帮助9个菜单项，包含了软件的一些常规操作和功能，如图1.12所示。

　　"文件"菜单（见图1.13）：

　　（1）可以新建工程、打开工程及保存工程，这些操作可以使用快捷键或者工具栏快速操作按钮完成；

　　（2）可以导入RP文件，新建团队项目、打开团队项目；

　　（3）可以进行打印纸张尺寸设置，打印index页面，导出index图片；

　　（4）可以设置定时备份软件原型，避免制作软件原型丢失。

　　"编辑"菜单（见图1.14）：

　　可以完成复制、剪切、粘贴、撤销、重做等操作，也可以使用快捷键来完成这些操作，所以很少会使用这个菜单。

　　"视图"菜单（见图1.15）：

新建		Ctrl+N
打开...		Ctrl+O
打开最近编辑的文件		▶
保存		Ctrl+S
另存为...		Ctrl+Shift+S
从RP文件导入...		
新建团队项目...（		
打开团队项目...		
导出团队项目到文件		
纸张尺寸与设置...		
打印...		Ctrl+P
打印index...		
导出index为图片...		
导出所有页面为图片...		
自动备份设置...		
从备份中恢复...		
退出		Alt+F4

文件　编辑　视图　项目　布局　发布　团队　帐户　帮助

图1.12　菜单栏区域

图1.13　"文件"菜单选项

图1.14 "编辑"菜单选项　　　图1.15 "视图"菜单选项

（1）"工具栏"选项（见图1.16），将工具栏区域划分为基本工具栏和样式工具栏两类，可以通过勾选的方式控制工具栏区域内容的显示，同时提供自定义工具栏功能，工具栏内容可以自行定义；

（2）"功能区"选项（见图1.17），分为5个区域，即页面区域、元件库区域、母版区域、检视区域、概要区域，可通过勾选的方式控制这些区域的显示与隐藏效果，还提供开关左侧功能栏和开关右侧功能栏的功能；

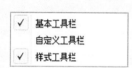

图1.16 "工具栏"选项　　　图1.17 "功能区"选项

（3）"遮罩"选项（见图1.18），通过勾选的方式来控制隐藏对象、母版、动态面板、中继器、文本链接、热区是否添加遮罩效果。

"项目"菜单（见图1.19）：

图1.18 "遮罩"选项　　　图1.19 "项目"菜单选项

（1）可对元件、页面的样式进行编辑；

（2）具有自定义元件字段说明和页面字段说明功能；

（3）具有添加全局变量功能。

"发布"菜单（见图1.20）：

（1）可以进行原型预览，对预览方式进行设置，选择打开浏览器方式和工具栏设置；

（2）可以将原型发布到AxShare上面进行托管；

（3）以生成HTML文件的方式进行原型发布；

（4）生成需求规格说明书的Word文档；

（5）预览和生成原型文件。

"团队"菜单（见图1.21）：

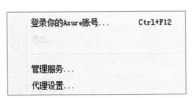

图1.20　"发布"菜单选项　　　　　　　图1.21　"团队"菜单选项

可以创建团队项目和获取团队项目，进行多人协作。

"账户"菜单（见图1.22）：

可以进行账户登录和服务器代理设置。

"帮助"菜单（见图1.23）：

（1）通过开始演示动画选项，学习原型工具的使用，提供在线培训教学功能及进入Axure论坛功能；

（2）通过管理授权完成注册，获得软件使用的授权；

（3）提供软件检查更新及提交软件意见和软件错误功能。

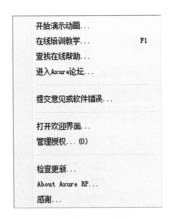

图1.22　"账户"菜单选项　　　　图1.23　"帮助"菜单选项

1.3.2 工具栏区域

视频课程

Axure 工具栏详解和常用快捷键

工具栏区域包含有使用频率最高的快捷工具。我们在设计原型的过程中经常会用到这些操作，理解工具栏的功能并掌握它的使用方法，可以提高制作原型的效率。工具栏区域分为基本工具栏和样式工具栏，同时提供自定义工具栏功能。下面通过对两个矩形元件的操作，熟悉一下工具栏的使用，如图1.24所示。

图1.24　工具栏区域

1. 基本工具栏

新建、打开、保存操作

新建、打开、保存快捷工具按钮如图1.25所示。

文件：新建一个工程项目，快捷键是Ctrl+N。

图1.25　新建、打开、保存操作按钮

打开：打开一个已有的工程项目（只能打开rp类型的工程），快捷键是Ctrl+O。

保存：保存一个工程项目，快捷键是Ctrl+S。

复制：单击这个快捷按钮，可以复制选中的元件，它的快捷键是Ctrl+C。

剪贴板：可以粘贴复制的元件。单击这个快捷按钮，可以把复制的元件粘贴到工作区域，它的快捷键是Ctrl+V。

撤销：单击这个快捷按钮可以撤销上一步的操作，快捷键是Ctrl+Z。

重做：单击这个快捷按钮可以重做上一步的操作，快捷键是Ctrl+Y。

剪切：单击这个快捷按钮可以剪切选中的元件，快捷键是Ctrl+X。

注　意

在制作原型的过程中，记得修改之后要立刻保存，以免由于断电、计算机死机、软件退出等原因，造成以前做的原型丢失。

◆ **实战演练**

1 在元件库区域，拖曳两个矩形元件到工作区域，并在矩形元件上分别双击，进行重新命名，一个矩形命名为"矩形一"，另一个矩形命名为"矩形二"，单击保存快捷按钮或者使用Ctrl+S快捷键保存上面的操作，如图1.26所示。

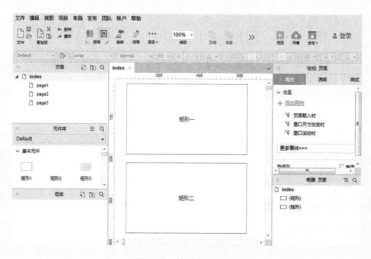

图1.26　拖曳矩形元件

2 选中"矩形一"元件，利用Ctrl+C快捷键复制出同样的一个元件，再利用Ctrl+V快捷键粘贴，也可以利用工具栏上快捷按钮操作，如图1.27所示。

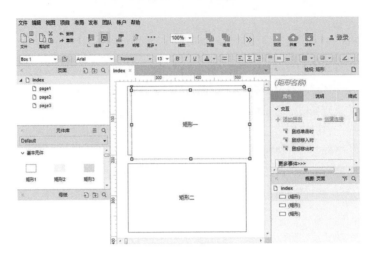

图1.27　复制矩形元件

同样可以试试快捷键Ctrl+Z（撤销）、Ctrl+Y（重做）、Ctrl+X（剪切）等，练习对矩形元件的操作。

选择、连接、钢笔、更多、缩放操作

元件的选择、连接、钢笔、边界点、切割、裁剪、连接点、格式刷以及缩放操作的快捷工具按钮如图1.28和图1.29所示。

图1.28　选择、连接、钢笔　　　　　图1.29　更多

选择：用来选中工作区域中的元件，包括相交选中和包含选中，相交选中所选择的区域只要和元件有接触、有相交，这个元件就会呈现为选中状态；而包含选中是把元件完全包含进来，才会呈现为选中状态。

连接：用来连接两个元件。这个操作多用于绘制流程图。

钢笔：可以绘制出自定义的形状。

缩放：设置工作区域的缩放比例，可以根据页面内容进行调整。

布局操作

布局操作用来设置页面中元件的布局，包括设置元件顶层、底层、组合、取消组合、对齐、分布操作，其按钮如图1.30所示。

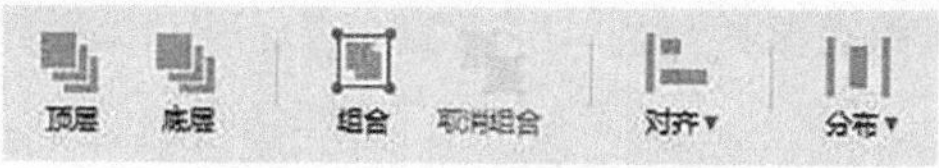

图1.30　布局操作按钮

顶层、底层：将工作区域中的元件置于顶层操作和置于底层操作。

组合、取消组合：可以将不同元件设置为一个组合，这样可以把组合的元件一起移动或者进行其他操作；同时也可以将一个组合拆散为单独的元件。

对齐：提供左对齐、左右居中、右对齐、顶部对齐、上下居中、底部对齐方式，如图1.31所示。

分布：包括水平分布和垂直分布两种分布方式，如图1.32所示。

水平分布：单击这个按钮，可以让选中的按钮呈现为横向均匀分布。

垂直分布：单击这个按钮，可以让选中的按钮呈现为纵向均匀分布。

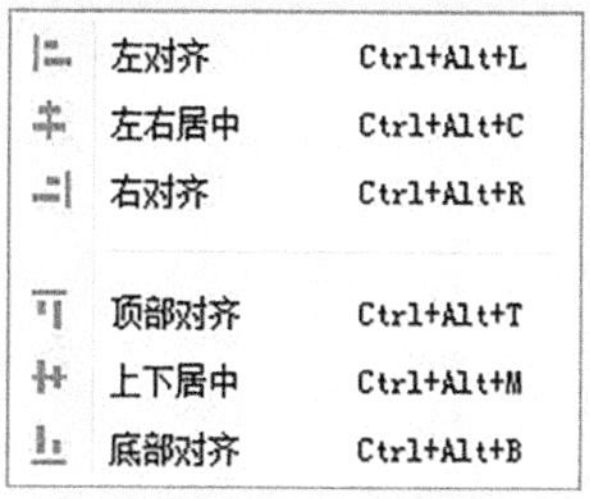

	左对齐	Ctrl+Alt+L
	左右居中	Ctrl+Alt+C
	右对齐	Ctrl+Alt+R
	顶部对齐	Ctrl+Alt+T
	上下居中	Ctrl+Alt+M
	底部对齐	Ctrl+Alt+B

图1.31　对齐方式

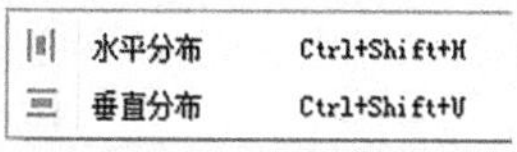

	水平分布	Ctrl+Shift+H
	垂直分布	Ctrl+Shift+V

图1.32　分布方式

锁定、开关功能栏、发布、登录操作

锁定元件、取消锁定元件、开关左侧功能栏、开关右侧功能栏、预览、共享、发布、登录操作按钮，如图1.33所示。

图1.33　锁定、发布操作按钮

锁定、取消锁定：将工作区域中的元件锁定，变为不可以移动，也可以取消锁定，进行移动。

开关功能栏：包括开关工作区域左侧的功能栏和工作区域右侧的功能栏。

预览：以原型预览的方式在浏览器中显示，不生成本地原型文件。

共享：通过共享的方式创建团队项目，发布到AxShare上面。

发布：可以通过预览的方式发布，也可以通过生成本地文件的形式发布。

登录：提供登录的快捷按钮。

2. 样式工具栏

样式工具栏可用来给文本内容或者元件边框设置样式，可以设置文本内容颜色、字号、字体，也可以给元件边框设置样式，如图1.34所示。

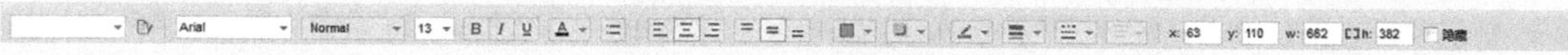

图1.34　样式工具栏

▣▾：填充背景颜色，同样单击下三角可以选择要填充的颜色。

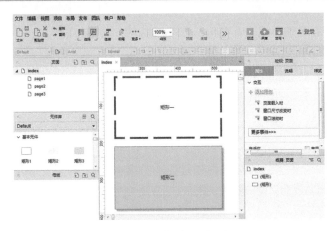 : 设置外部阴影，勾选阴影复选框，让它生效，在这里可以设置阴影的偏移位置和模糊程度，并且可以设置阴影的颜色。

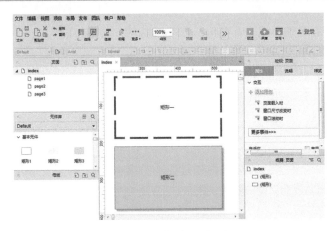 : 设置元件边框的颜色，单击下三角，弹出框可用来选择颜色。

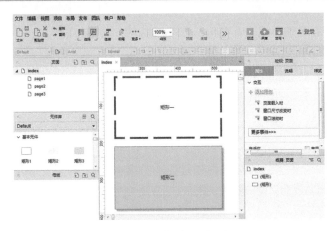 : 设置元件线宽，单击下三角，弹出框可用来选择边框的宽度。

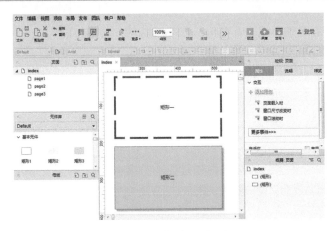 : 设置元件的线条样式，单击下三角，弹出框可用来选择线条样式，实线或虚线。

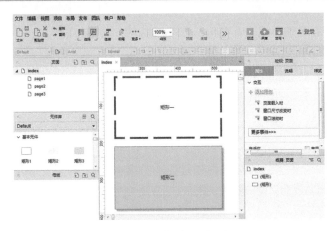 : 可以设置水平线元件和垂直线元件的箭头样式。

◆ 实战演练

1 单击矩形一元件，将其边框编辑为红色、粗线、打点式线条；将矩形二编辑成蓝色背景，红色外部阴影，如图1.35所示。

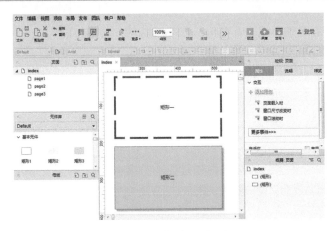

图1.35 编辑矩形一和矩形二

在工具栏中还可以设置文本的水平位置和垂直位置，以及字体系列、字体类型、字号、粗体、斜体、下划线、字体颜色等，这与很多软件对字体编辑的功能一样。

2 将矩形二的文本字体设置为华文琥珀，字体类型设置为Bold Oblique，字号设置为28，添加粗体、斜体、下划线设置，字体颜色设置为黄色，水平位置靠左对齐，垂直位置顶部对齐，如图1.36所示。

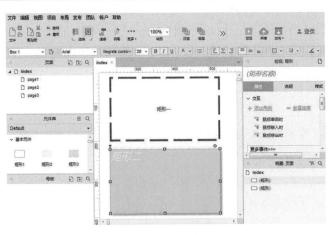

图1.36 矩形二字体设置

工具栏的快捷按钮还可以编辑元件的大小和位置、隐藏元件，x、y代表元件的横纵坐标位置，以左上角为原点；w、h分别代表元件的宽度和高度。

> **3** 将矩形二元件的x值设置为360，y值设置为80；宽度w值设置为240，h值设置为100，如图1.37所示。

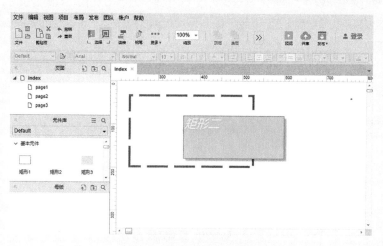

图1.37 编辑元件的位置和大小

注 意

要熟记和理解各个按钮的功能及使用，同时也可以使用相应的快捷键进行操作，快捷键的操作要比单击操作更节省时间，提高制作原型的效率。

3. 自定义工具栏

工具栏里有很多快捷按钮，有一些按钮是经常会用到的，有一些按钮可能很久都不会用到一次，这时可以自定义工具栏，在自定义工具栏里选择显示什么快捷按钮。单击视图菜单下工具栏选项，选择自定义工具栏，如图1.38所示。

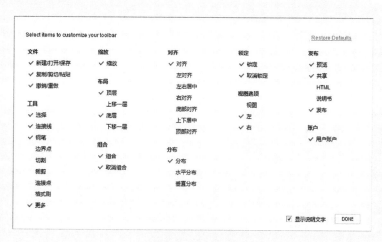

图1.38 自定义工具栏

自定义工具栏包括自定义文件、缩放、对齐、锁定、发布、工具、布局、视图选项、账户、组合、分布等快捷工具按钮，可根据自己的需要来选择。

1.3.3 页面区域

页面区域是用来显示软件页面的，从这里可以了解到软件的大致结构，有哪些页面，以及页面之间的关系。页面区域采用树状结构来显示页面，以index页为树的根节点，可以对页面进行增加、移动、删除等操作来管理软件原型的页面，如图1.39所示。

图1.39 页面区域

1.3.4 元件库区域

元件库区域包含了制作原型需要的一些基础元件，Axure RP8中原型设计工具默认包含线框图元件库和流程图元件库、图标元件库。

线框图元件库里提供了40种线框图元件，常用的有图片、文本标签、矩形、占位符、水平线、垂直线、文本框、下拉列表框、复选框、单选按钮、提交按钮，如图1.40所示。

图1.40 线框图元件

流程图元件库里提供了13种流程图元件，有各种图形、图片、文件、角色、数据库等，如图1.41
所示。

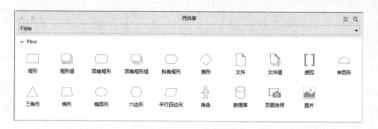

图1.41　流程图元件

图标元件库里提供了各种各样的图标，比如箭头、电池、统计图标等，如图1.42所示。

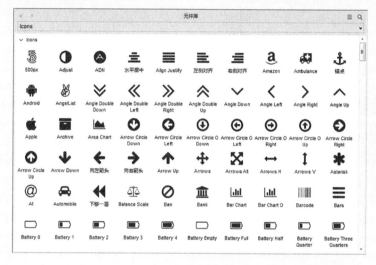

图1.42　图标元件

1.3.5 母版区域

母版区域用来设计一些共用、复用的区域，如图1.43所示，如网站尾部版权区域，可能每个页面都
会用到版权信息，也可以设计导航菜单，如移动App的底部标签导航，在母版中设计一次，在其他页面
可直接引用，达到共用、复用的效果。

图1.43　母版区域

1.3.6 工作区域

工作区域是用来绘制原型的画布。在这个区域里完成原型的设计，就像画画时在画布上尽情绘制，如图1.44所示。

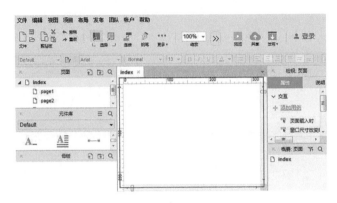

图1.44 工作区域

1.3.7 检视区域

检视区域是用来设计页面或者元件的样式和交互效果的，可以设置属性，如添加页面交互效果，页面载入时触发事件、窗口尺寸改变时触发事件、窗口滚动时触发事件，以及在更多事件里还提供许多其他的事件，如图1.45所示。

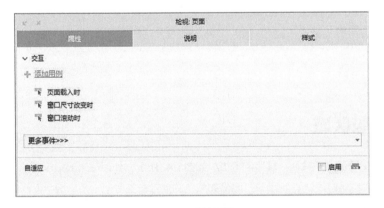

图1.45 属性设置

在检视区域中可以填写页面或者元件注释，自定义注释的名称，如图1.46所示。

图1.46 说明

还可以设计页面、元件的样式，比如页面在浏览器中显示的对齐方式是居中对齐还是居左对齐，页面的背景色或者背景图片，还可以设置草图的效果，针对元件设置禁用、选中等属性，也可以给元件添加样式，设置元件的位置和大小、选择元件的样式，以及字体、边框线、圆角半径、对齐方式等，如图1.47所示。

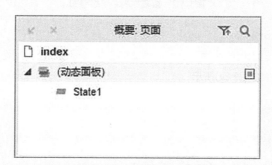

图1.47　样式

1.3.8 页面概要区域

页面概要区域用来管理页面上使用的元件，可以查看页面上使用了哪些元件及管理这些元件，比如可以管理动态面板，增加动态面板、移动动态面板及删除动态面板等操作，如图1.48所示。

图1.48　页面概要区域

1.4 原型设计流程

1.4.1 需求分析

一般情况下，需求分析主要是由产品经理或者需求分析师来完成，但是设计师最好也参与到前期需求分析的过程中，这样就可以和产品经理对需求有一致的理解，达成一致的意见。如何进行需求分析呢？

视频课程

原型设计流程详解

（1）可以通过用户调研的方式获取用户的需求，调研的方式有很多，如调查报告、访谈等。

（2）可以进行竞品分析，分析竞品的界面样式、操作流程、主要任务流程及用户的需求，不能把竞品的东西直接搬过来使用，有可能不适合，因为核心竞争力有可能不同，为用户解决的需求也有可能不同。

（3）通过分析用户的反馈和产品的数据，分析出用户的需求和痛点，通过产品解决用户的这些需求。

1.4.2 页面架构设计

思维导图软件理清逻辑关系

获取到用户需求之后，开始分析用户的需求，可以使用思维导图软件来理清用户的需求、产品的各个功能模块及其逻辑关系等，如图1.49所示。

图1.49 猿题库App思维导图

流程图表达主要流程任务

分析用户的需求，分析出用户使用产品可以完成的主要流程任务，完成这个流程任务每一步用户是怎么操作的，画出流程图，如图1.50所示。

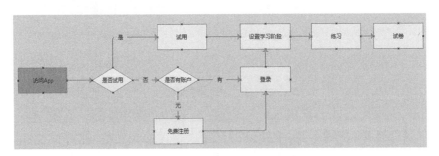

图1.50 猿题库App流程图

产品信息架构设计

通过需求分析，以及对产品的思维导图设计和流程图设计，大致可以规划出产品的主要功能点，这些功能点就可以形成产品的初步信息架构，这些信息架构可以理解成房子的地基和框架，只有把这些确定了，才可能继续上层建筑。比如猿题库App中的"练习""试卷""发现"和"我"就是这个产品的信息架构。

在Axure RP8里有一个页面区域可以对这些信息架构进行管理，页面结构采用树形菜单，层级分明，结构清晰，还能自动生成框架结构图，非常方便，如图1.51所示。

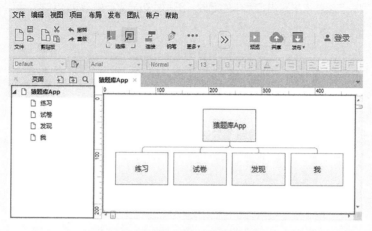

图1.51　猿题库App信息架构设计

页面布局设计

产品信息架构确定之后，综合思维导图的内容和主要流程图，开始页面的布局设计，要确定以下内容。

（1）页面布局的总体结构，包括一列布局、两列布局、三列布局，以及几行布局等。

（2）页面的导航设计。网站的导航是采用水平导航还是垂直导航，或者是其他的一些导航方式，移动App的导航是放置在顶部还是底部，采用几个标签导航，像猿题库App采用的是底部标签导航，在页面底部放置4个标签导航，如图1.52所示。

图1.52　猿题库App标签导航

（3）根据思维导图和流程图规划出来的内容，细分到具体页面结构来进行设计，需要对每一个内容块的展示位置进行布局，比如猿题库App的练习模块展示各个科目的导航设计，如图1.53所示。对页面内容结构的设计取决于设计人员对内容编排的把握，不同的布局会产生不同的效果，可以参照已有成熟产品的内容布局。

图1.53　猿题库App布局

1.4.3 低保真原型设计

通过思维导图软件确定产品的大致内容，通过页面架构设计确定页面总体布局、导航菜单及各个模块后，就可以针对各个页面进行内容设计，也就是低保真原型设计，可通过Axure原型设计工具遵循产品的总体结构进行，如图1.54所示。

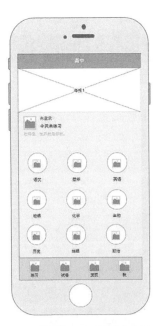

图1.54　猿题库App低保真原型设计

1.4.4 原型评审

完成低保真原型设计之后，需要进行原型评审。原型评审，对于设计人员来说可以是一场噩梦，每个评审人都有不同的偏好和侧重点，开发人员可能更关注于容易实现，运营人员希望有足够的区域进行推广，视觉设计师注重美观，产品经理希望早点上线，这就需要设计人员在原型设计时考虑全面，设计方案要有说服力。

1.4.5 高保真原型设计

高保真原型可以用于给上级汇报或者概念性产品。将低保真原型经过视觉设计师的制图、切图，即可制作出高保真原型，如图1.55所示。

图1.55　猿题库App高保真原型设计

1.5 小结

本章主要介绍了什么是软件原型及Axure RP8的软件界面，应当做到以下几点。

（1）了解什么是软件原型及软件原型的分类，理解它们的优缺点及各自的适用场合。

（2）学会Axure RP8软件的安装。

（3）认识Axure的软件界面，了解软件界面上的8个区域及它们含义和功能。

（4）理解原型设计流程，并能进行需求分析、页面架构设计、低保真原型设计、原型评审及高保真原型设计。

练习

1．如何导入一个RP文件到工程里面？

2．如何设置使原型设计软件界面某些区域隐藏起来，如将母版区域隐藏起来或者其他区域隐藏起来。

3．拖曳一个矩形元件到工作区域，将其背景色填充为灰色（666666），文本内容命名为"我是矩形元件"，字号设置为红色字体，顶部对齐，边框颜色设置为黄色（FFFF00），边框线加粗。

第2章　用页面区域管理软件页面

页面区域位于软件界面的左上方，是用来管理页面和显示页面的区域，如图2.1所示。

● 管理软件页面关系
● 软件的骨架，清晰展示软件的结构

图2.1　管理页面层级

本章案例："百度门户"栏目规划，效果如图2.2所示

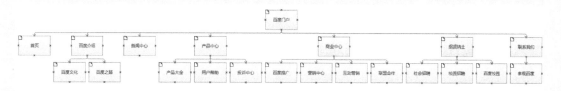

图2.2　"百度门户"栏目规划效果

2.1 页面区域是什么

视频课程

页面区域是什么

2.1.1 什么是页面区域

　　页面区域由两部分组成。一部分是功能菜单，就是一些操作页面的按钮，在页面右键选项里提供更多操作按钮，另一部分是页面，呈现树状结构，与Windows文件存放目录结构一致。通过父与子的页面关系、兄弟和兄弟的页面关系，将设计的产品页面整合起来，形成产品的文档，如图2.3所示。

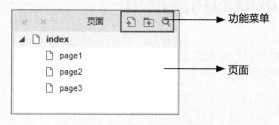

图2.3　页面区域的结构和功能

通过建立页面关系，形成产品文档，对产品的功能模块、不同栏目进行清晰的展示，这样就可以让开发者和使用者能清晰地理解设计者的思路。

2.1.2 页面区域能干什么

1.页面区域可以用来规划软件的功能单元或者软件的结构

在进行软件原型设计的时候，我们手里拿到的只不过是一份需求说明书，甚至有时候连需求说明书都没有，就开始进行原型设计，这时可以利用页面区域先大致规划一下所要设计的软件结构，有一个清晰的思路然后根据不同功能模块进行深化设计，而不是把所要设计的东西融合在一起，毫无次序。

2.页面区域可以让使用者快速地了解软件的结构

设计原型的人可能是产品经理，也可能是交互设计师，但是使用原型的人就不止他们两类，有可能是项目经理，也有可能是开发人员。他们并没有参与原型设计，而他们若想要了解软件的结构与功能，就可以通过页面区域快速地了解。试想一下，如果没有页面区域，他们就要靠猜去理解各个页面想要表达的功能，这样很可能误解设计者的意图。

3.页面区域方便使用者快速地找到想要的页面

如果设计的软件很复杂，页面非常多，没有页面区域来管理页面，那么想要找或者修改某个页面，都需要花费大量的精力；如果有页面区域，通过页面区域的树状结构，很快就可以定位到想要的页面。

2.1.3 使用页面区域注意事项

1.制作软件原型时要规划软件的功能菜单或者栏目结构

制作原型时要事先规划软件的功能菜单或者栏目结构，不要随意地在页面区域上新建页面，导致页面结构混乱，根本看不出软件的功能结构。

如果设计一个功能比较复杂，页面比较多的原型，多人协作开发设计，大家都随意地新建页面，最终的结果有可能就像一锅粥，一团乱麻。所以原型设计前要考虑清楚软件的结构，或者利用页面区域梳理出软件的大致结构。

2.页面的命名要有意义

页面的命名要让使用者一看就能知道这个页面所要表达的含义，要做到顾名思义，不光是页面要命名得有意义，元件也要命名得有意义。

2.2 页面区域的功能使用

页面区域的功能使用包括两方面内容：
（1）功能菜单的使用；
（2）页面管理。
先来看一下功能条的使用，如图2.4所示。

视频课程

页面区域的功能
使用

新建页面：为所选择的节点页面创建一个新的同级页面。

如果想给Page1页面新建一个兄弟页面，首先选中Page1页面，然后单击新建页面，就可以创建一个同级页面。

新建文件夹：为所选择的节点页面创建一个新的同级文件夹，文件夹可以将页面管理起来，如同Windows文件夹一样，将相关文件放置在一起。

在设计界面的过程中，某个功能模块有很多页面，想把这些页面统一管理起来，就可以创建一个文件夹，然后把页面放置在这个文件夹里面。

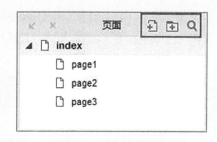

图2.4 页面的功能菜单

检索页面：按页面名称进行检索页面区域的页面。

当我们制作的原型比较大，页面比较多的时候，想通过页面区域找到某个页面时，可以使用搜索按钮来搜索页面。如想找到index页面，我们输入"index"就可以把index页面找出来，所以页面的命名一定要有意义，便于快速地寻找。

除了使用功能菜单来管理页面，也可以在页面上右键单击，通过弹出的菜单选项管理页面，如图2.5所示。

图2.5 页面右键菜单选项

添加：菜单选项，可以所选页面之前或之后新增同级页面，新增文件夹或新增子页面。它的效果和功能条上的新增页面和新增文件夹是一样的。

移动：菜单选项可以移动页面的前后顺序关系，调整页面的层级关系，和功能条上的移动操作一致。

可以实现同等级的页面中，将所选页面上移一个位置。

如果想把page2页面放置在page1前面，这时先选中page2页面，然后单击向上移动操作按钮，就可以调整页面的前后顺序。

可以实现同等级的页面中，将所选页面下移一个位置。

如果想把page1页面放置在page2后面，这时先选中page1页面，然后单击向下移动操作按钮，就可以调整页面的前后顺序。

可以实现页面层级降级，将所选页面的层级降级，将其排列在所选页面上方之页面的子页面。

如果想把page2页面作为page1的子页面，这时先选中page2页面，然后单击降级操作按钮，就可以把page2移到page1页面下，作为其子页面。

可以实现页面层级升级，将所选页面的层级升级为父页面的同等级页面。

如果想把page1页面与index同级，这时选中page1页面，然后单击升级操作按钮即可。

删除：不想要的页面或者文件夹可以通过删除菜单选项来进行删除。如果当前页面下含有子页面，Axure会自动提示，单击提示中的"确认"后会同时删除所有子页面。

重命名：页面的重新命名的方式有3种。

（1）选中页面后再单击页面名称，可以对页面进行重新命名。

（2）通过右键菜单选项里的"重命名"选项来重新命名。

（3）通过快捷键F2进行页面的重新命名。

在制作软件原型时，发现很多页面布局或者交互效果相似，这时就可以通过复制菜单选项来复制页面或者复制页面的分支，然后在这个页面的基础上进行修改，就可以避免重复制作多次，减少工作量，提高制作原型的效率。

通过图表（标）类型菜单选项来更改页面的图标类型，可以改为页面或者流程图的图标。图标的更改并不会影响页面的内容，只是便于对页面的管理。

通过生成流程图菜单选项，可以生成纵向或者横向的流程图。选中index页面，然后单击鼠标右键，选择生成流程图选项，生成纵向流程图，如图2.6所示。

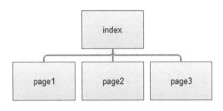

图2.6 纵向流程图

从流程图可以看出软件的功能结构及从属关系。我们可以根据需求来选择生成流程图的类型。

页面区域的功能一个是通过功能菜单来管理页面，另一个是通过右键单击菜单选项来管理页面，它们的效果是一致的。

2.3 实战——"百度门户"栏目规划

结合前两节学习的内容，我们来做一个"百度"栏目规划的案例。通过本节内容要学会制作软件原型时如何规划软件的页面结构，进一步加深对页面区域的理解。

打开浏览器，输入地址"home.baidu.com"，打开百度门户页面，如图2.7所示。

视频课程

"百度"门户
栏目规划

图2.7 百度门户

选择百度门户作为实例，因为它很有代表性。在制作软件原型时，经常可以碰到软件的功能划分与导航菜单一致的情况，特别是门户网站和应用系统类软件，在制作原型的时候就可以按导航菜单来建立页面区域的栏目结构。

先来分析一下百度门户。它有7个一级菜单，也就是被划分为7个功能模块。

- 首页：很多网站都存在的模块，展示网站的综合信息。

- 百度介绍：也就是企业介绍，也是必有的一个模块。
- 新闻中心：用来介绍公司的一些新闻事件，也是经常存在的一个模块。
- 产品中心：这个模块可以根据实际情况来选择：如果有产品，可以划分出此模块用来展示产品；如果没有，可以不用该模块。
- 商业中心：是百度的营销推广模块，这个也可以根据实际情况来考虑。
- 招贤纳士、联系我们：是很多门户网站都存在的两个功能模块。

以上7个功能模块，在页面区域上需要建立7个页面。在一级菜单下面还有二级菜单，并且发现一级菜单打开后默认显示的内容是二级菜单第一个菜单的内容。

- 百度介绍下面有百度简介、百度文化、百度之路，百度介绍默认显示的内容是百度简介。
- 新闻中心下面没有二级菜单，就不需要建立子页面。
- 产品中心下面有产品概览、产品大全、用户帮助、投诉中心4个二级菜单，产品中心默认显示的内容是产品概览。
- 商业中心下面有商业概览、百度推广、营销中心、互动营销、联盟合作5个二级菜单，商业中心默认显示的内容是商业概览。
- 招贤纳士下面有人才理念、社会招聘、校园招聘、百度校园4个二级菜单，招贤纳士默认显示的内容是人才理念。
- 联系我们下面有联系方式、参观百度两个二级菜单，联系我们默认显示的内容是联系方式。

可以依据二级菜单建立相应的子页面，但是需要注意，可以使用父页面来显示二级菜单的第一个菜单内容，所以第一个菜单不用建立子页面，而其他二级菜单需要建立相应的子页面进行原型设计。

下面打开Axure软件，开始"百度"栏目规划设计。

1 将index页面重新命名为"百度门户"，在百度门户下面建立7个页面，分别命名为"首页""百度介绍""新闻中心""产品中心""商业中心""招贤纳士"和"联系我们"，如图2.8所示。

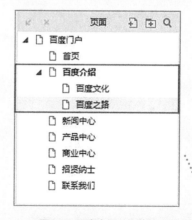

图2.8　百度一级菜单　　　　　　图2.9　百度介绍二级菜单

2 在百度介绍页面新增两个子页面，有两种方式：一种是通过功能条，另一种是通过右键单击菜单选项。将两个子页面分别命名为"百度文化"和"百度之路"，如图2.9所示。

3 在产品中心页面新增3个子页面，分别命名为"产品大全""用户帮助"和"投诉中心"，可以把暂时不需要展示的子页面收缩起来，如图2.10所示。

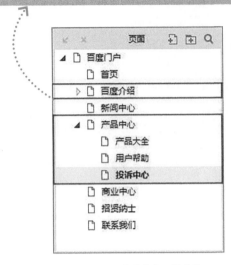

图2.10 产品中心二级菜单

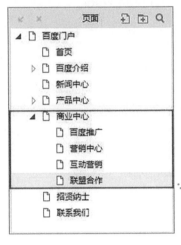

图2.11 商业中心二级菜单

4 在商业中心页面新增4个子页面，分别命名为"百度推广""营销中心""互动营销"和"联盟合作"，如图2.11所示。

5 在招贤纳士页面新增3个子页面，分别命名为"社会招聘""校园招聘"和"百度校园"，如图2.12所示。

图2.12 招贤纳士二级菜单

图2.13 联系我们二级菜单

6 在联系我们页面新增一个子页面，命名为"参观百度"，如图2.13所示。

这样百度门户的栏目结构就建立完成了，然后可以按照各个功能模块进行原型设计。根据栏目结构生成流程图，可以看出软件的大致结构及从属关系，如图2.2所示。

通过这个案例的学习，要学会如何规划软件的栏目结构或者功能模块，可以从导航菜单入手，来划分软件的功能模块。在制作原型时，先规划出软件的栏目结构，方便我们进行软件的原型设计，同时也可以避免在页面区域上随意地新建页面，导致软件结构混乱，设计思路不清晰。根据清晰的设计软件的功能模块就可以逐一进行原型设计。

 ## 2.4 小结

本章主要学习页面区域的使用，通过页面区域管理页面，应当做到以下几点。

（1）了解什么是页面区域，页面区域由两部分组成：功能菜单和页面。它可以管理软件的页面关系。

（2）通过功能菜单和右键菜单选项来管理页面，包括新增页面、移动页面、删除页面及搜索页面等。

（3）学会如何规划软件栏目结构。

练习

通过页面区域进行"清华大学门户"栏目规划。

导航菜单有首页、清华新闻、学校概况（校长致辞、学校沿革、历任领导、现任领导、组织机构、统计资料）、院系设置、师资队伍、教育教学（本科生教育、研究生教育、留学生教育、继续教育）、科学研究（科研项目、科研机构、科研合作、科研成果与知识产权、学术交流）、招生就业（本科生招生、研究生招生、留学生招生、学生职业发展）、人才招聘（招聘计划、招聘信息、我要应聘）、图书馆、走进清华（校园生活、校园风光、实用信息）。

注意：括号里的是二级菜单。

第3章　用Axure元件库搭积木

大家小时候都玩过积木，积木的形状、大小、长短各不相同，发挥我们自己的想象力，就可以用积木拼出一座桥、一个城堡、一座大楼。Axure也提供了很多积木，我们称之为组件或者元件，只不过它要比小时候的积木复杂了很多。使用元件，加上设计、经验、想象力，我们可以绘制出想要的软件原型，如图3.1所示。

Axure RP8默认内置了线框图元件库、流程图元件库、图标元件库，除了使用内置的元件库，也可以载入元件库和自定义元件库。

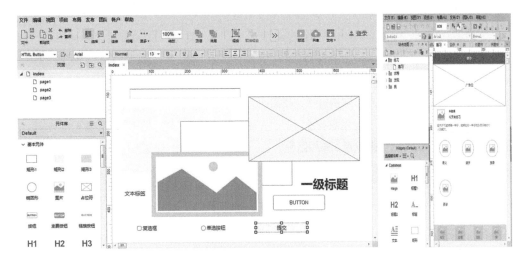

图3.1　用元件"搭积木"

本章案例：制作"个人简历表"，效果如图3.2所示。

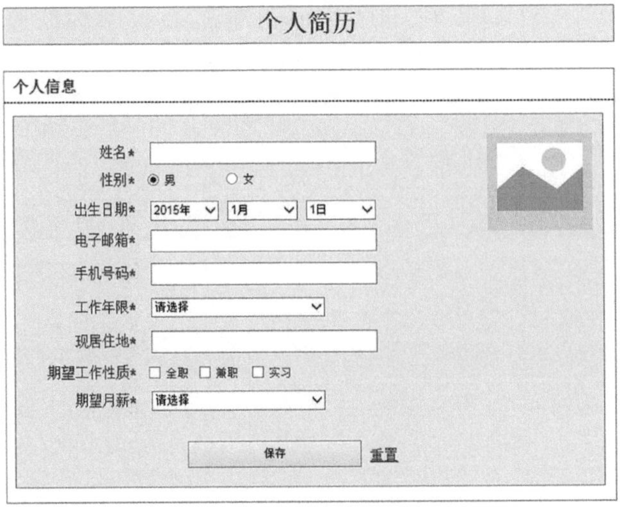

图3.2　制作"个人简历表"效果

3.1 绘制线框图所用的元件

Axure RP8原型设计软件里默认内置了40种线框图元件，通用型元件有20种，表单类元件有7种，菜单与表格元件有4种，标记元件有9种，如图3.3所示。

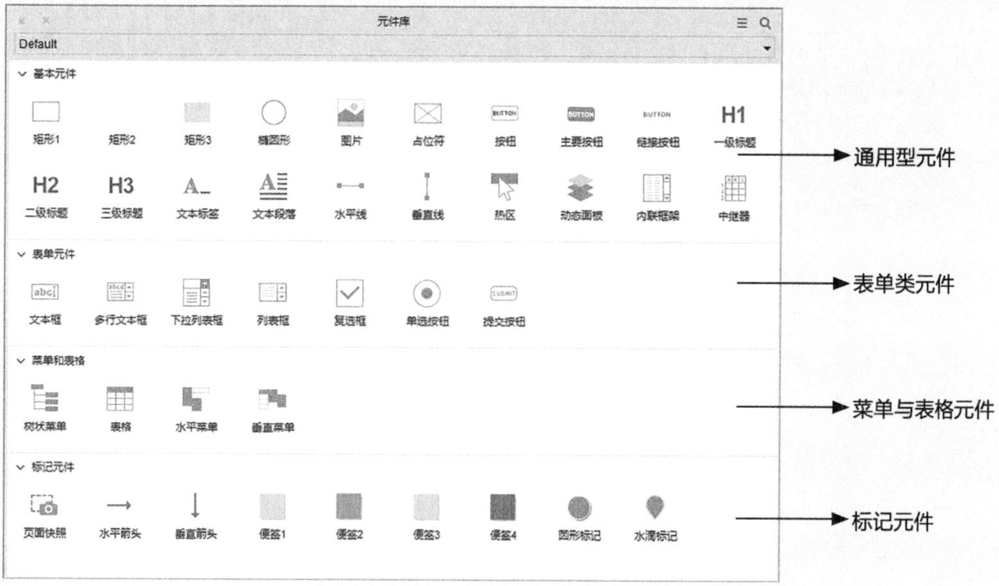

图3.3 线框图元件库

3.1.1 通用型元件的使用

通用型元件包括矩形1、矩形2、矩形3、椭圆形、占位符、按钮、主要按钮、链接按钮、一级标题、二级标题、三级标题、文本标签、文本段落、水平线、垂直线、热区、动态面板、内部框架、中继器等。最后3个元件，由于使用比较复杂，交互效果丰富，使用频率非常高，放在后面的章节中详细介绍，如图3.4所示。

视频课程 通用型元件的使用（1）

视频课程 通用型元件的使用（2）

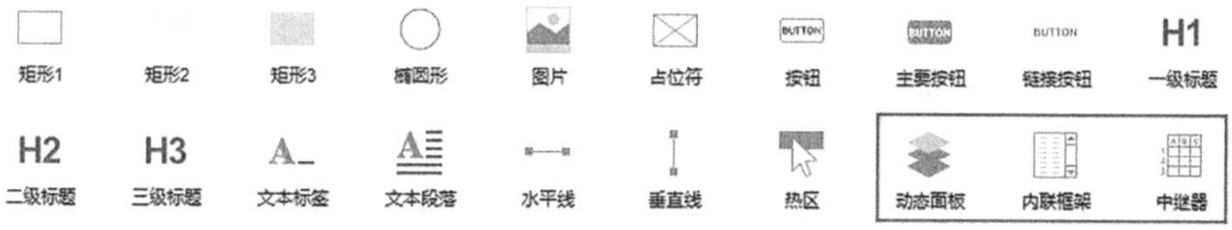

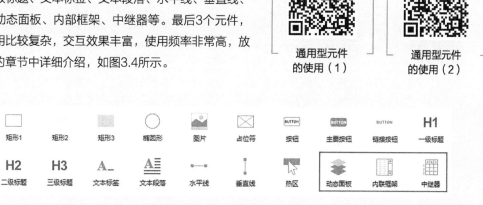

图3.4 通用型元件

1. 矩形元件、占位符元件和椭圆形元件的使用

矩形元件和占位符元件在本质上没有太大的区别，都可以用来做很多工作，如做一个横向或者纵向的菜单，或者背景图。这两种元件不同之处在于占位符元件更强调占位作用，如果想表达页面区域某个位置放什么，可以放一个占位符，清晰明了地表达这个区域的含义。椭圆形元件的使用和矩形元件的使用方式一样，只是形状不同。

◆ **实战演练**

> **1** 矩形1元件是白色（FFFFFF）背景、矩形2元件是浅灰色（F2F2F2），矩形3元件是灰色（E4E4E4）背景。根据不同背景颜色需求，使用不同矩形元件。拖曳矩形3，高度设置为300，作为背景图，如图3.5所示。

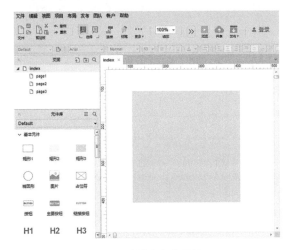

图3.5　制作灰色背景图

> **2** 矩形元件里有各种各样的形状，如果想把图3.5正方形的灰色背景制作成圆形的灰色背景，单击圆点会弹出各种形状选框，如图3.6所示选中椭圆形菜单，就变为一个圆形灰色背景。

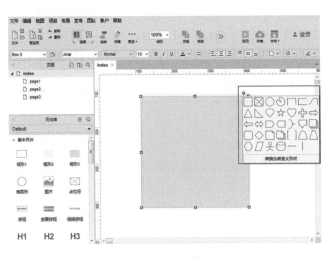

图3.6　调整形状

除了椭圆形，还可以设计成其他的形状，比如向上三角形、五角星、水滴、方括号等。

> **3** 利用矩形1元件制作导航菜单。拖曳4个元件到工作区域，横向并排放置，双击元件框分别输入：菜单一、菜单二、菜单三、菜单四。利用快捷键Ctrl+A，全选4个矩形元件，通过工具栏按钮设置矩形的高度为40，宽度为100，如图3.7所示。

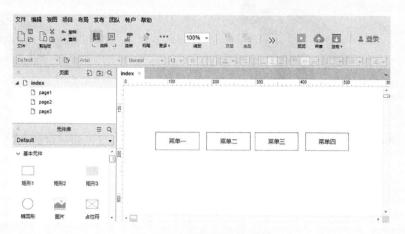

图3.7 矩形元件制作导航菜单

注 意

由于矩形元件和占位符元件的功能差不多，它们的操作方式也类似。椭圆形元件出现后，就不需要通过矩形元件来绘制椭圆。

2. 图片元件的使用

图片元件可以用来占位。在软件原型中，往往会包含一些图片的展示，如Logo、图标或者某个商品图片，但是还没有想好应该放什么图片，或者留给UI设计人员来设计图片，这时可以使用图片元件来表达在软件的某个区域要使用图片来显示。

◆ **实战演练**

> **1** 拖曳图片元件到工作区域，双击图片，选择要插入图片，会弹出"您想要自动调整图像元件大小？"的提示框。在提示框中，选择"是"，可以自动调整图片的大小，如图3.8所示；选择"否"，图片的大小将和当前的图片元件一样大，如图3.9所示。

注 意

如果替换的图片过大，会弹出提示是否进行优化，选择"是"会对图片进行优化，降低图片的质量，否则按原质量显示。

图3.8　自动调整图像元件大小 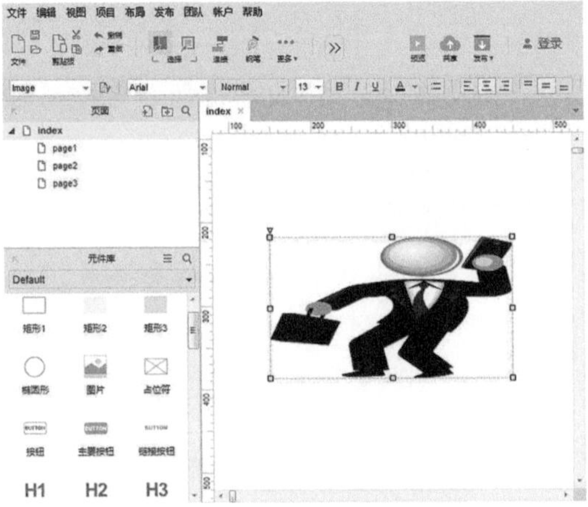　　　　　　　　图3.9　不自动调整图像元件大小

> **2** 调整图片的尺寸大小有两种方式：一种是在图片上单击，会出现边框，可以上下左右拖动；另一种是在工具栏里的w和h框里设置图片的大小，调整其他元件的尺寸大小也是同样的方式，如图3.10所示。

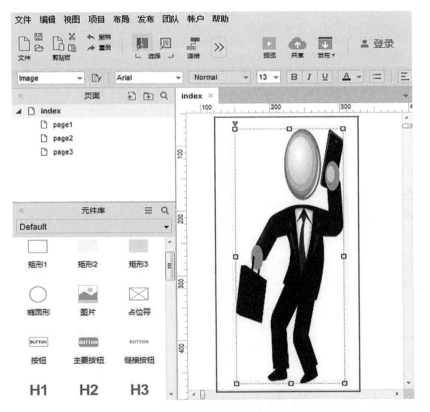

图3.10　调整图片尺寸大小

> **3** Axure提供分割图像功能，在图片上单击鼠标右键选择分割图像命令，可以对选中的图片进行分割操作，有十字切割、横向切割、纵向切割3种切法，如图3.11所示。

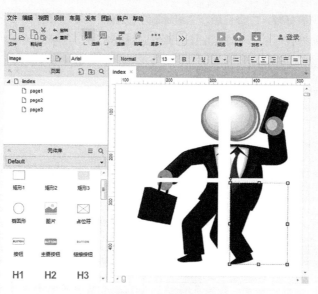

图3.11 分割图像

当想要图片的某一区域或某一部分时，可以使用分割图像这个功能把想要的区域分割出来。

3. 按钮元件的使用

按钮元件分为按钮元件、主要按钮元件及链接按钮元件，可根据自己的需求在不同场合下使用不同按钮元件，如图3.12所示。

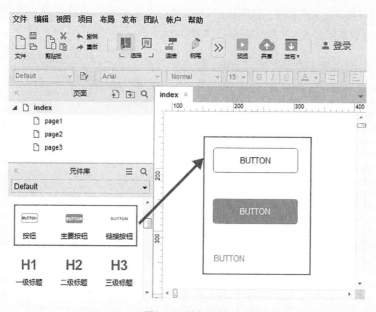

图3.12 按钮元件

4. 标题元件的使用

标题元件可以用来作为一段文字的标题，也可以用来作为某个区域的标题说明。大家都设计过自己的简历，常把"个人信息""教育经历""工作经验"这类文字加粗起强调作用，这时就可以使用标题元件。

Axure提供了一级标题、二级标题、三级标题3个元件，一级标题元件是32号字、加粗、黑色（333333），二级标题元件是24号字、加粗、黑色（333333），三级标题元件是18号字、加粗、黑色（333333），如图3.13所示。

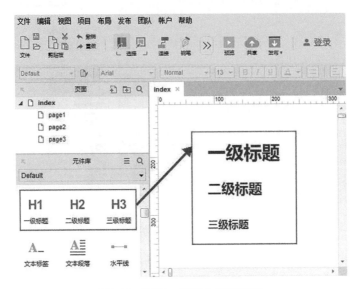

图3.13　标题1、标题2和标题3元件

5. 文本标签元件和文本段落元件的使用

文本标签元件是单行文本元件，文本段落元件是多行长文本元件。如果只有一行文本选择文本标签元件，如果有多行文本可以使用文本段落元件，如图3.14所示。

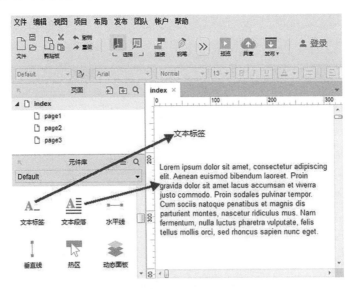

图3.14　文本标签和文本段落元件

6. 水平线和垂直线元件的使用

水平线和垂直线是很灵活的两个元件，用它们可以设置一条水平线或者垂直线，可以利用工具栏快捷按钮编辑这两个元件，设置横线和垂直线的颜色、线框、线条样式和箭头方向，如图3.15所示。

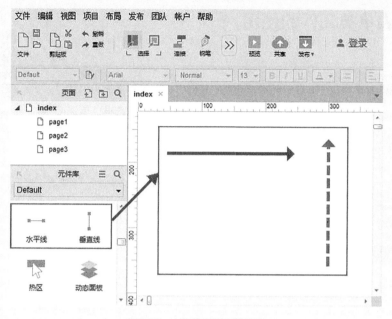

图3.15　水平线和垂直线元件

7. 图像热区元件的使用

在购物网站上经常可以看到组合装或者套装的商品，它们是一体图片，单击商品图片显示的是整体的商品信息。但如只想看到单件衣服信息，这时就可以使用图像热区元件。

如图3.16所示，分别在衣服和裤子上添加图像热区，也就是增加两个单击的锚点，单击图像热区就可以显示不同的商品信息。

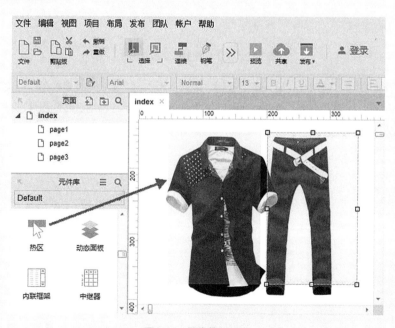

图3.16　图像热区元件

图像热区元件用到的频率非常高，特别是在做一些移动App时，就会发现图像热区元件有多么好用。

3.1.2 表单类元件的使用

视频课程

表单类元件
的使用

　　表单类元件是用在设计表单时经常会用到的元件，如登录、注册表单等。表单类元件包括文本框、多行文本框、下拉列表框、列表框、复选框、单选按钮、提交按钮，如图3.17所示。

图3.17　表单类元件

1. 文本框元件和多行文本框元件的使用

　　文本框元件，经常用于收集表单内容，如单行输入框；多行文本框元件，用于多行文本的输入，如图3.18所示。

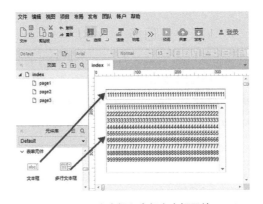

图3.18　文本框和多行文本框元件

　　在登录网站的时候，经常会在输入框里看到"请输入用户名、手机号或者邮箱"，文本框元件同样可以填写提示信息。在文本框输入内容时，提示文字会自然消失。在检视区域的属性选项卡里，可以设置文本框的输入类型，如文本（Text）、密码、邮箱、Number等，如图3.19所示。

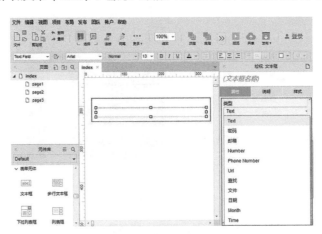

图3.19　文本框类型

选择文本（Text）类型可以设置提示文字的样式，输入文字："请输入用户名"，字体颜色为浅灰色（CCCCCC），单击"提示样式"来设置，如图3.20所示。

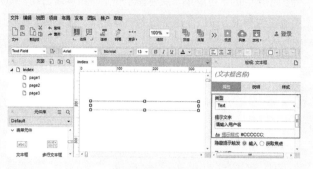

图3.20 提示文字

在属性选项卡还可以设置文本框元件文字输入的最大长度，同时也可以隐藏边框、设置为只读或者禁用，如图3.21所示。

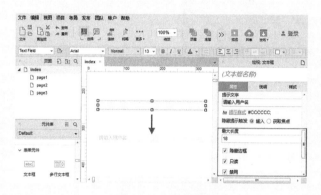

图3.21 文本框属性

注 意

通过设置文本框的不同输入类型，可以看到不同的显示效果，当输入密码的时候，用点号代替，可以保护密码的安全，同时丰富了原型的显示效果。

多行文本框元件的右侧属性选项卡里同样可以设置提示文字、隐藏边框、只读和禁用，但是不能设置文本框的类型和最大长度，如图3.22所示。

图3.22 多行文本框元件设置

2. 下拉列表框元件和列表框元件的使用

下拉列表框元件，是经常用到的下拉菜单，只能显示一个下拉菜单选项，而列表框元件可以显示多个下拉菜单选项。如果页面区域有限，可以使用下拉列表框元件，如果页面区域比较大，只放置一个下拉列表框，感觉整个页面布局不是很美观，使用列表框元件更合适，如图3.23所示。

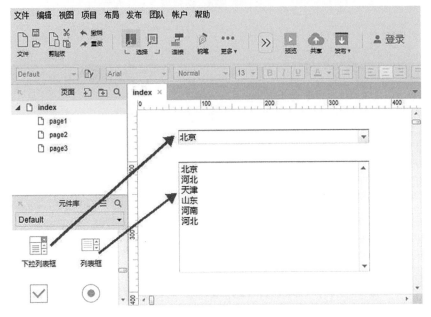

图3.23　下拉列表框元件和列表框元件

◆ **实战演练**

> **1** 拖曳一个下拉列表框元件，双击这个元件，弹出编辑选项对话框，单击加号可以新增一个菜单选项，单击菜单选项可以对它重新命名，命名为"北京"，再新增一个下拉选项，命名为"上海"，如图3.24所示。

图3.24　编辑列表选项对话框

2 单击向上箭头和向下箭头，调整下拉菜单选项的顺序，如图3.25所示，单击红色差号，可以删除选项。

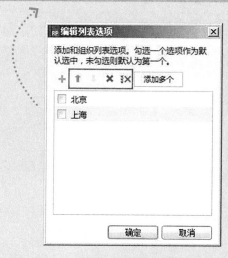

图3.25 调整选项顺序

图3.26 添加多个选项对话框

3 单击"添加多个"按钮，弹出添加多个对话框，每行代表一个下拉菜单选项，如图3.26所示。

4 如果想把某个选项作为默认显示的选项，只需要勾选其前面的复选框，如图3.27所示。

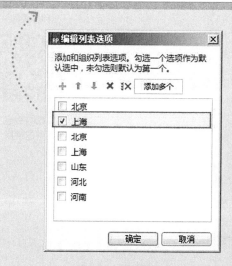

图3.27 设置默认选项

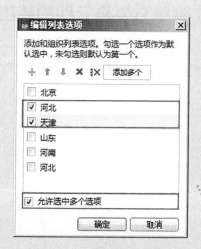

图3.28 列表框设置默认选项

5 列表框的操作方式和下拉列表框的操作方式一样，但是它允许选择多个默认选项，如图3.28所示。

3. 复选框元件和单选按钮元件的使用

如果允许选择多个选项，可以使用复选框元件，如果每次只能选中一个，适合使用单选按钮元件，如图3.29所示。

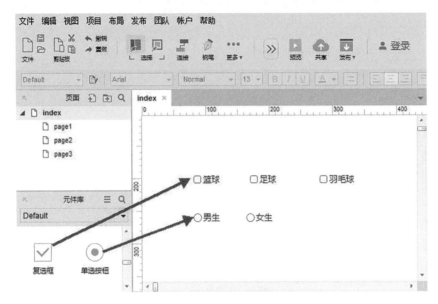

图3.29　复选框和单选按钮元件

4. 提交按钮元件的使用

提交按钮元件经常被用来作为操作按钮，如注册、登录、保存、取消按钮等。

3.1.3 菜单与表格元件的使用

视频课程

菜单与表格
元件的使用

菜单与表格元件包括树状菜单、表格、水平菜单和垂直菜单等，如图3.30所示。

图3.30　菜单与表格元件

1. 树状菜单的使用

树状菜单可以用它来设计部门树结构或其他有层次的结构，就像页面区域的页面结构一样。新增子节点调整树的层级关系、删除子节点等操作都是通过右键菜单里的选项功能来进行的，如图3.31所示。

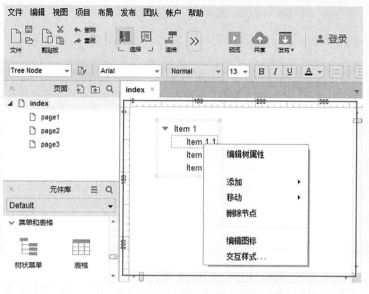

图3.31 树状菜单

2. 表格元件的使用

表格元件用来显示表格,是使用频率比较高的一个元件,对它的操作是通过右键菜单里的选项来进行,如图3.32所示。

图3.32 表格元件

3. 水平菜单和垂直菜单元件的使用

水平菜单和垂直菜单元件是用来制作导航菜单的元件,对它们的操作也是通过右键菜单里的选项来进行,如图3.33所示。

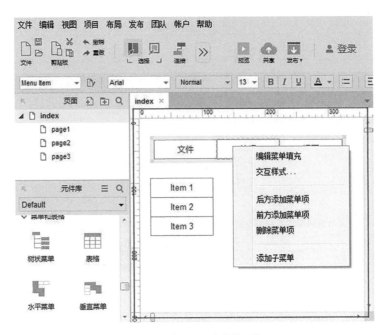

图3.33　水平和垂直菜单元件

以上就是绘制线框图时会用到的元件，包括通用型元件、表单型元件及菜单与表格元件。每个元件都有自己的含义和功能，掌握这些元件的使用，有利于提高制作原型的效率。

3.1.4 标记元件的使用

标记元件包括页面快照、水平箭头、垂直箭头、便签1、便签2、便签3、便签4、圆形标记、水滴标记等元件，如图3.34所示。

图3.34　标记元件

页面快照元件的功能是将页面通过快照的方式完整地显示出来。比如在index页面，拖曳标题1、标题2、标题3元件，然后在page1页面里拖曳页面快照元件，双击这个元件，然后引用index页面，可以看到页面快照元件里显示的是index页面的内容，并且可以调整显示大小，如图3.35所示。

> **注　意**
>
> 页面快照元件引用的页面不能包含页面快照元件，否则它就不能引用。

水平箭头元件和垂直箭头元件，经常用于制作水平方向和垂直方向的箭头；便签元件经常用于制作页面便签说明；圆形标记和水滴标记经常用于制作标记。

图3.35 页面快照元件

 ## 3.2 绘制流程图所用的元件

Axure RP8原型设计软件默认内置了19种流程图元件，常用的有图片、矩形、圆角矩形、斜角矩形、菱形、半圆形、三角形、梯形、椭圆形、六边形、平行四边形、页面快照等元件，如图3.36所示。

图3.36 流程图元件库

各个流程图元件都有自己的特点和意义，在使用流程图元件绘制流程图之前，要知道它所代表的意思，才能画出规范的流程图。

- 矩形：代表要执行的处理动作，用作执行框。
- 圆角矩形：代表流程的开始或者结束，用作起始框或者结束框。

- 菱形：代表决策或者判断，用作判别框。
- 文件：代表一个文件，用于文件方式输入或者以文件方式输出。
- 括弧：代表说明一个流程的操作或者特殊行为。
- 平行四边形：代表数据的操作，用于数据的输入或者输出操作。
- 角色：代表流程的执行角色，角色可以是人也可以是系统。
- 数据库：代表系统的数据库。
- 页面快照：用于显示其他页面内容。

◆ **实战演练**

下面使用流程图元件来绘制一下在线考试的过程，如图3.37所示。

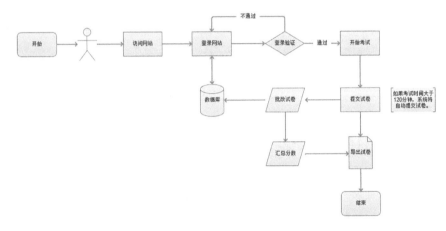

图3.37　在线考试系统流程图

> **1** 保存当前工程，并命名为"在线考试系统流程图"，将index页面重新命名为"在线考试系统流程图"，删除无用的页面。选择流程图元件库，拖曳一个圆角矩形元件作为流程的开始，文本内容重新输入为"开始"，如图3.38所示。

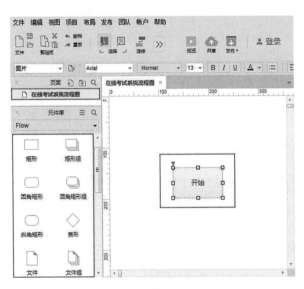

图3.38　选择流程图元件库

2 拖曳一个角色元件，代表参加考试的人员，选择连接模式，将圆角矩形元件和角色元件连接起来，添加向右的箭头。接下来的流程是访问在线考试系统，需要拖曳一个矩形元件，文本内容输入为"访问网站"，用连接线将它们连接起来，如图3.39所示。

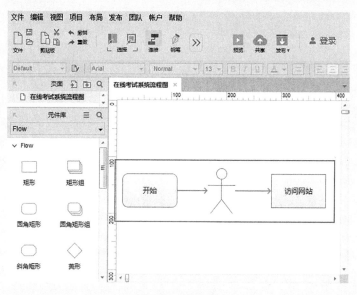

图3.39 访问网站

3 接下来是登录到系统里，拖曳一个矩形元件，命名为"登录网站"。登录到考试系统的时候，要输入用户名和密码，用连接线将访问网站和登录网站连接起来，如图3.40所示。

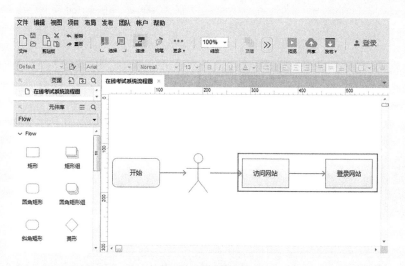

图3.40 登录网站

4 拖曳一个数据库元件来代表数据库。登录的时候输入用户名和密码与数据库进行比对，比对完成后数据库会返回信息告诉我们是否登录成功，这是一个双向的操作，因此需要一个双向的箭头，如图3.41所示。

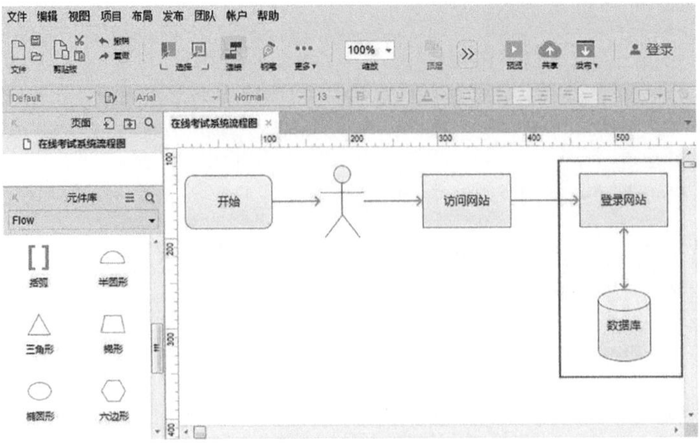

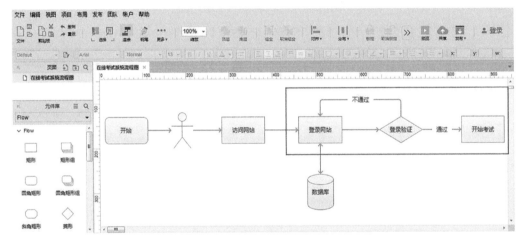

图3.41　数据库

5 拖曳一个菱形元件用于登录的验证。登录验证有两种情况：验证通过和验证不通过。如果用户名和密码都输入正确，就可以登录到系统里进行在线考试。拖曳一个矩形元件，文本内容输入为"开始考试"，如果登录校验失败，就得重新登录，如图3.42所示。

图3.42　登录验证

注　意

连接线上的文字命名，需要先选中连接线，然后输入文字内容即可。

6 考试完需要提交试卷。拖曳一个矩形元件，文本内容输入为"提交试卷"，还要加一段说明文字，需要使用括弧元件来加以说明："如果考试时间大于120分钟，系统将自动提交试卷。"如图3.43所示。

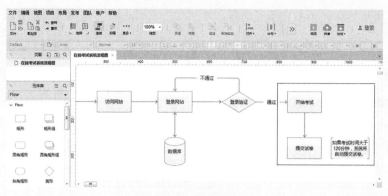

图3.43　提交试卷

7 提交完试卷，系统会进行批改试卷。拖曳一个平行四边形元件作为数据的输入，批改的时候也需要与数据库进行比对，因此连接线也是双向的，如图3.44所示。

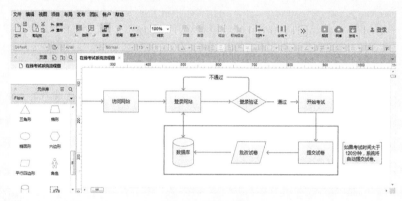

图3.44　批改试卷

8 提交试卷后可以导出试卷。在批改完试卷之后，需要输出汇总的分数，同样拖曳一个平行四边形元件作为数据的输出，将它命名为汇总分数。汇总分数后导出试卷，用文件元件来表示，最后我们拖曳一个圆角矩形元件来表示结束流程，如图3.45所示。

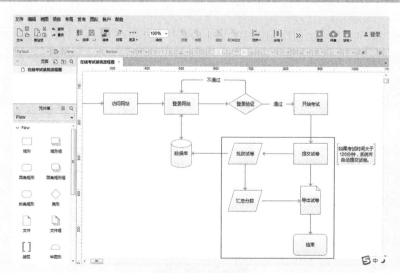

图3.45　结束流程

9 按F5键发布原型，如图3.46所示。通过绘制在线考试系统的流程图，可以清晰地知道在线考试系统的操作流程，这样在绘制线框图的时候，设计思路就会很清晰，可以高效快速地绘制原型。

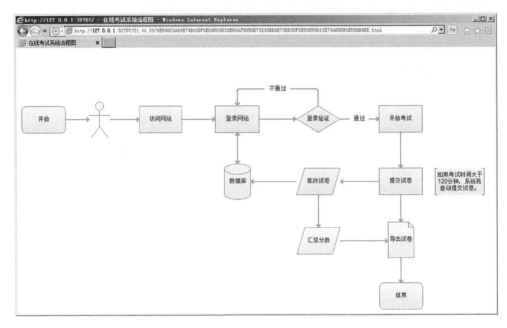

图3.46　发布原型

 ## 3.3 丰富的图标元件库

视频课程

丰富的图标元件库

图标元件库里一般是常用的图标元件，有对齐方式、箭头指向、电池电量等图标，在绘制原型的时候，可以到这个元件库里寻找，如图3.47所示。

图3.47　图标元件库

3.4 如何载入元件库和自定义元件库

Axure在元件管理区域默认提供了线框图元件、流程图元件和图标元件，但是在制作原型的过程中，这三类元件并不能满足设计原型的需求，如在设计移动应用软件时，需要使用Andriod元件库或者iOS元件库；设计其他的软件时，还有可能使用其他的元件库，甚至有时候现成的元件库还是不能满足需求，需要自己来制作元件库，即自定义元件库。

视频课程

载入元件库和
自定义元件库

3.4.1 载入元件库

在Axure元件区域，单击"选择元件库"，从这里可以看出默认的有线框图元件库和流程图元件库，也能看出汉化得并不是很完善，如图3.48所示。

图3.48　元件库

需要载入新的元件库怎么办，假如要设计移动应用软件，需要添加一个Andriod元件库到软件里。

◆ **实战演练**

1 要找到元件库的方式有3种：第一种是到官网上下载（http://www.axure.com/download-widget-libraries），官网上提供了很多种元件库，可以发现元件库都是以".rplib"为后缀名的；第二种是到网上搜索，现在网上有很多开源的元件库，很多原型论坛或者原型爱好者也会发布一些元件库；第三种可以自己制作元件库，制作自己想要的、常用的元件。

2 单击选择元件库右侧的选项按钮，在下拉菜单中选择"载入元件库"命令，弹出"打开"对话框，找到事前准备好的元件库，单击"打开"按钮，就可以将元件库载入到软件里，如图3.49和图3.50所示。

3 还有一种方式可以载入元件库。先关闭软件（一定要先关闭掉软件），打开Axure的安装目录，在Default Settings文件夹中找到Libraries文件夹，双击打开，将需要载入的元件库直接复制到Libraries文件夹里，重新打开软件，可以看到iOS元件库已经载入到了软件里，如图3.51和图3.52所示。

图3.49　载入元件库

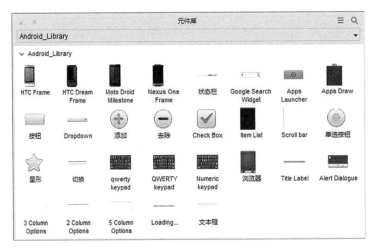

图3.50　Android元件库

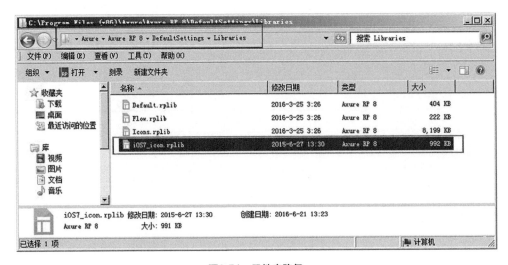

图3.51　元件库路径

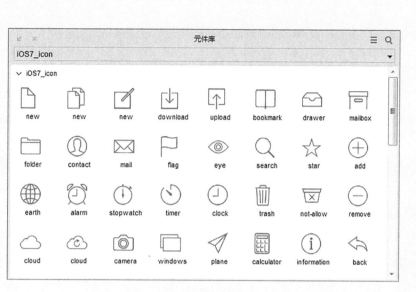

图3.52　iOS元件库

3.4.2 自定义元件库

在设计原型的时候，载入的元件库如果没有想要的元件，这时就得自定义元件库了。设计一些特别的或者常用的元件，如增加、删除、修改、搜索、红灯、黄灯、绿灯等图标，都可以放在自定义元件库里。

◆ **实战演练**

> **1** 单击元件库右侧的选项按钮，在下拉菜单中选择"创建元件库"，在弹出的对话框中输入元件库的名称"commonlib"，接着进入元件的编辑区域，在这里可以自定义元件，如图3.53和图3.54所示。

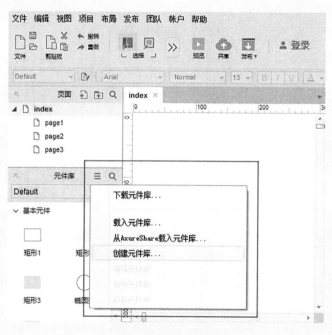

图3.53　创建元件库

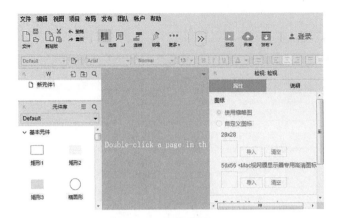

图3.54　元件编辑区域

2 在设计登录页面的时候，都有一个登录提交的按钮。设计一个登录的按钮，将新元件1命名为"登录"，拖曳一个矩形1元件，高度设置为50，圆角半径设置为10，填充为绿色，文本内容为"登录"，字体设置为白色加粗，20号字，中间空两个空格，如图3.55所示。

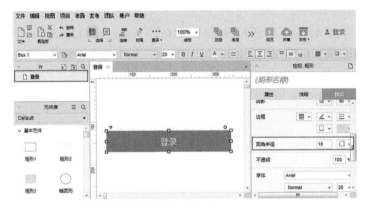

图3.55　自定义登录按钮

3 再来做一个搜索元件。经常用放大镜来代表搜索的含义，拖曳一个椭圆形元件，高度和宽度都设置为30，再拖曳一个矩形，作为放大镜的把手，调整一下大小，旋转45度，再调整上下顺序，如图3.56所示。

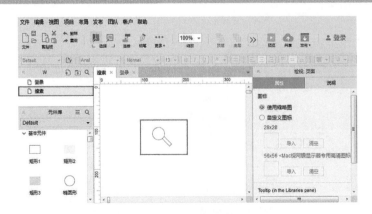

图3.56　自定义搜索按钮

4 制作完两个自定义元件后，可以将制作元件的页面先关闭，需要刷新元件库，制作的元件就显示出来了，如图3.57和图3.58所示。

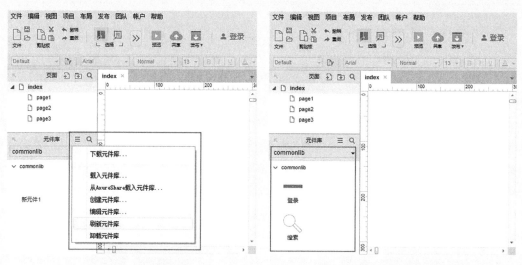

图3.57 刷新元件库　　　　　　　　图3.58 commonlib自定义元件库

自定义的元件和其他元件的操作一样，可以继续编辑元件库，也可以卸载元件库。除了线框图和流程图元件库，其他元件库都可以被卸载。

3.5 实战——制作"个人简历表"

找工作的时候，需要投递简历，现在有很多的网站都可以在线投递简历，如前程无忧、智联招聘等。在投递简历之前，需要制作自己的个人简历。下面一起动手来制作"个人简历表"，设计简历的个人信息模块，如图3.59所示。

个人简历

个人信息

姓名★	
性别★	● 男　　○ 女
出生日期★	2015年 ∨　1月 ∨　1日 ∨
电子邮箱★	
手机号码★	
工作年限★	请选择 ∨
现居住地★	
期望工作性质★	□ 全职　□ 兼职　□ 实习
期望月薪★	请选择 ∨

保存　　重置

图3.59 个人简历

1 打开Axure RP8原型设计工具软件，将当前工程保存为"个人简历表单"，将index页面修改为"个人简历"。拖曳一个矩形1元件，宽度设置为704，高度设置为42，颜色填充为灰色（D7D7D7），文本内容命名为"个人简历"，字号设为32，加粗，如图3.60所示。

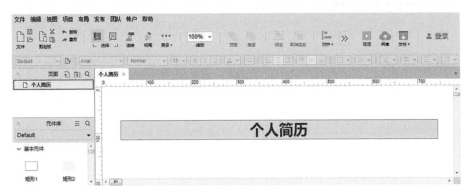

图3.60　个人简历标题

2 拖曳一个矩形1元件，宽度设置为704，高度设置为483，作为边框；拖曳一个标题2元件，文本内容重新命名为"个人信息"，作为个人信息的标题；拖曳一个水平线元件，宽度设置为704，线条样式设置为第4个，如图3.61所示。

图3.61　个人信息标题以及边框

3 拖曳一个矩形1元件，宽度设置为680，高度设置为416，颜色填充为灰色（D7D7D7），作为个人信息背景；拖曳一个文本标签元件，文本内容命名为"姓名"，字号为16；拖曳文本框元件，宽度设置为260，高度设置为25，作为姓名的输入框，如图3.62所示。

图3.62 姓名输入框

4 拖曳一个标签元件，文本内容命名为"性别"，字号为16；拖曳两个单选按钮元件，分别命名为"男""女"，同时选中这两个单选按钮，单击鼠标右键，选择"指定单选按钮组"，将组名命名为性别元件，这样每次只能选中一个性别，如图3.63所示。

图3.63 性别设置

5 拖曳一个文本标签元件，文本内容命名为"出生日期"，字号为16；拖曳3个下拉列表框元件，分别双击下拉列表框元件，添加年、月、日下拉选项，如图3.64所示。

图3.64 出生日期

6 拖曳3个文本标签元件，文本内容命名为"电子邮箱""手机号码"和"现居住地"，字号为16；拖曳三个文本框元件，宽度设置为260，高度设置为50，作为输入框，如图3.65所示。

图3.65 电子邮箱、手机号码、现居住地输入框

7 拖曳一个文本标签元件，文本内容命名为"工作年限"，字号为16；拖曳一个下拉列表框元件，宽度设置为200，高度设置为22，添加工作年限下拉选项，如图3.66所示。

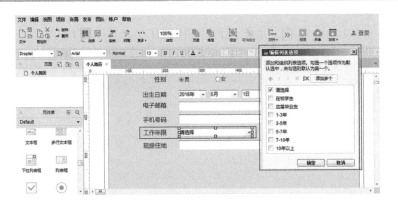

图3.66 工作年限

8 拖曳一个文本标签元件，文本内容命名为"期望工作性质"，字号为16；拖曳一个复选框元件，分别命名为"全职""兼职"和"实习"，如图3.67所示。

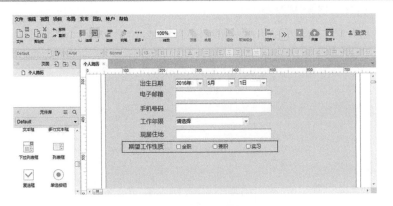

图3.67 期望工作性质

9　拖曳一个文本标签元件，文本内容命名为"期望月薪"，字号为16；拖曳一个下拉列表框元件，宽度设置为200，高度设置为22，添加期望月薪下拉选项，如图3.68所示。

图3.68　期望月薪

10　拖曳一个提交按钮元件，宽度设置为200，高度设置为30，文本内容命名为"保存"；拖曳一个文本标签元件，文本内容为"重置"，添加下划线，字号为16，如图3.69所示。

图3.69　保存按钮

11　拖曳一个文本标签元件，文本内容命名为"＊"，字号设置为20，字体颜色设置为红色（FF0000），再复制出8个，分别放置在表单标签的前面，作为必填项的提示；拖曳一个图片元件，宽度设置为125，高度设置为122，作为头像照片，如图3.70所示。

图3.70　必填项和头像

这样就设计完了个人信息表单页面。这里使用了文本标签元件、文本框元件、单选按钮元件、下拉列表框元件、复选框元件、图片元件及图像热区元件。综合应用这些元件，就可以完成各类表单的制作。

3.6 小结

本章主要学习Axure元件库的使用，使用元件库绘制软件界面原型，应当做到以下几点。

（1）掌握线框图元件的含义和使用，包括通用型元件、表单型元件及菜单与表格元件。

（2）掌握流程图元件的含义和使用，学会使用流程图元件绘制流程图。

（3）学会如何载入元件库和自定义元件库，载入新的元件库并自己定义一些元件。

练习

个人简历表除了个人信息模块，还有教育经历、工作经验等模块，使用Axure元件库，绘制教育经历、工作经验表单，如图3.71和图3.72所示。

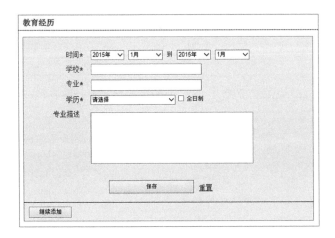

图3.71　教育经历

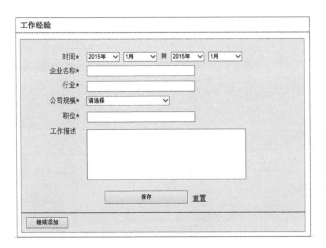

图3.72　工作经验

拓展课程

绘制 iPhone
手机背景

第4章　用Axure动态面板制作动态效果

动态面板元件是一个动态的、由面板组成的元件。它可以让原型呈现动态的效果，而不是那种毫无生气的静态页面，它还能实现软件的高级交互效果。

动态面板元件是Axure模拟很多动态效果的主要工具，如要模拟淘宝的广告轮播，可以将几张图摞在一起，轮流放在最上面来显示，单击一个圈，就将对应的图放到最上面，如图4.1所示。

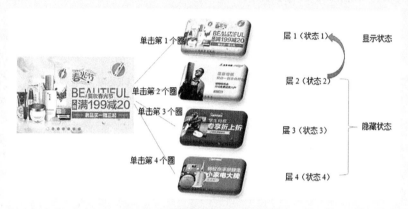

图4.1　动态面板模拟海报轮播效果

本章案例：淘宝登录页签的切换效果，两张图摞在一起，单击"账户密码登录"将图4.2放在最上面显示，单击"快速登录"将图4.3放在最上面显示，即可模拟淘宝登录页签的切换效果。这就是动态面板模拟交互效果的基本原理。

图4.2　账号密码登录　　　　　图4.3　快速登录

4.1 动态面板的使用

动态面板元件是怎么实现动态效果的呢？动态面板元件里包含多种状态，可以把动态面板理解为装载这些状态的容器。

我们在上学的时候，经常把作业本摞成一摞，所以只能看到最上面一本的封面。这一摞作业本就是动态面板，每本作业就是动态面板中的一个状态，只有最上面的一个状态是可见的，其他状态都是隐藏的，如图4.4所示。动态面板的图标很形象地描绘出了动态面板元件的功能。

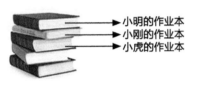

图4.4　作业本和动态面板图标

下面就以学生作业本为例来学习动态面板的使用。

4.1.1 创建动态面板并命名

◆ 实战演练

1 打开Axure RP8软件，将工程保存起来，命名为"动态面板演示操作"，拖曳一个动态面板到工作区域，如图4.5所示。

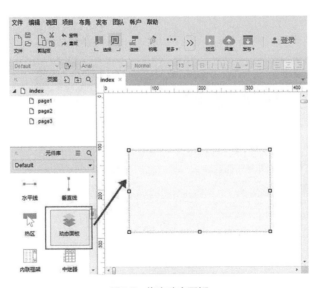

图4.5　拖曳动态面板

2 双击动态面板，可以打开"动态面板状态管理"对话框，输入动态面板的名称"一摞作业本"，下面就是面板的状态，默认一种状态，就像一摞作业本里至少有一个作业本，一个动态面板至少有一种状态，如图4.6所示。

图4.6　动态面板名称

4.1.2 编辑动态面板状态

◆ **实战演练**

1 ➕代表新增一个动态面板的状态。单击它就可以对状态的重新命名，将状态分别命名为小明的作业本、小刚的作业本，如图4.7所示。

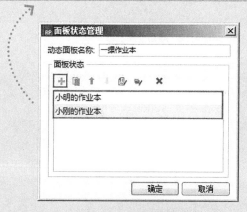

图4.7　新增动态面板状态　　　　　　　图4.8　复制动态面板状态

2 ▤代表复制动态面板的状态。如果两个状态内容差不多，想在上一个状态内容的基础上进行修改，我们可以先复制出一个状态。小虎知道小刚学习好，每次做作业都会借小刚的作业本来抄，如图4.8所示。

3 ⬆代表动态面板状态的上移操作。如果老师想看小刚的作业本，使用这个操作就可以将这个状态向上移动，一直可以移动到第一层，如图4.9所示。

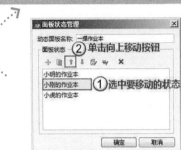
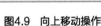

图4.9　向上移动操作　　　　　　图4.10　向下移动操作

4 ⬇代表动态面板状态的下移操作。小明同学的作业做得很不好，老师很生气，要把它放在最下面，这时候可以使用下移这个操作，一直可以移动到最下面，如图4.10所示。

5 如何编辑状态来修改作业本里的内容呢？有两个按钮可以进行状态的编辑：一个是编辑状态，可以编辑选中的状态；一个是编辑全部状态，可以打开所有要编辑的状态页面，也可以双击要编辑的状态，进入编辑状态的页面，如图4.11、图4.12所示。

图4.11　编辑状态　　　　　　　图4.12　编辑全部状态

6 进入编辑状态之后，可以看到有蓝色的虚线框，它代表内容的显示区域，即在蓝色虚线框里的内容可以显示出来。超出这个区域，将被隐藏起来。先添加一个不超出显示区域的内容，拖曳一个矩形1元件，文本内容重新命名为"小明90分"，如图4.13、图4.14所示。

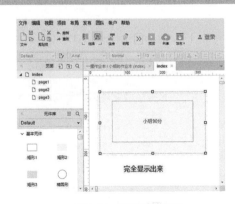

图4.13　拖曳矩形1元件　　　　　图4.14　完全显示出来

7 双击动态面板，打开对话框，编辑小刚的作业本的状态。这次我们使用编辑全部状态，单击编辑全部状态，会发现所有的状态都会打开，找到小刚的作业本状态，同样拖曳一个矩形1元件，将部分内容超出显示区域，文本内容重新命名为"小刚98分"，如图4.15、图4.16所示。

图4.15　编辑小刚的作业本状态　　　　图4.16　拖曳矩形1元件

8 回到动态面板所在页面，可以看到没有小刚的分数，仍然显示的是小明的分数，如图4.17所示。

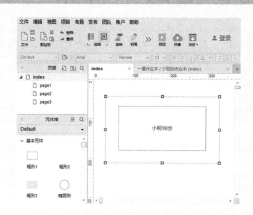

图4.17　小明的分数

9 双击动态面板元件，选中小刚的作业本，单击向上移动按钮，将它移动到第一个位置。单击确定按钮，会发现这次显示的是小刚的作业本的内容，并且超出显示区域的内容，没有显示出来，如图4.18、图4.19所示。

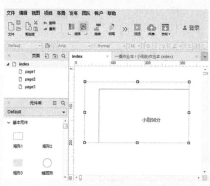

图4.18　调整状态位置　　　　　　　　图4.19　没有完全显示出来

10 选中动态面板，通过拖曳的方式，可以调整动态面板的大小，让内容完全显示出来，如图4.20所示。

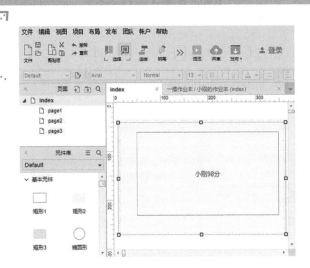 

图4.20　完全显示出来　　　　　　图4.21　删除状态

11 可以删除一些不用的状态。双击动态面板元件，单击一个红色的叉号，删除选中的状态，如删除选中的小虎的作业本，如图4.21所示。

4.1.3 通过页面概要区域管理动态面板

细心的人会发现页面概要区域发生了变化，页面概要区域显示的是我们刚才设计的动态面板元件及它的各个状态。在Axure RP 7.0版本以前，这个区域被称为动态面板管理区域。动态面板是一个神奇的元件，可以制作出各种交互效果，如图4.22所示。

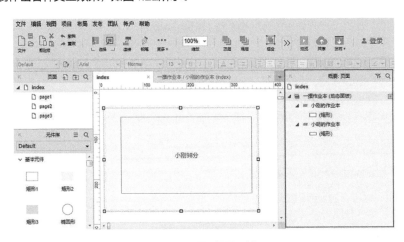

图4.22　页面概要区域

：代表当前页面，在这个页面里可以添加各种元件及给元件添加交互操作。

：代表动态面板元件，在这个元件下面可添加各种状态。

：代表动态面板元件下的各种状态。

在Axure RP8版本中，页面概要区域可以对所有的元件进行管理，动态面板很多神奇的功能可以赋予其他元件，使其他元件也可以实现动态的效果，但是使用比较多的还是动态面板元件，因此掌握动态面板元件的使用，可以制作出丰富的交互效果。

◆ **实战演练**

1 如果想给动态面板添加一个状态，可以在动态面板的状态上，鼠标右键单击选择"添加状态"选项，给动态面板元件新增一个状态，如图4.23所示。

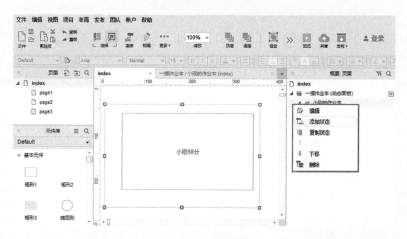

图4.23　添加状态

2 在鼠标右键选项里还有"复制状态"。选中要复制的状态，如小刚的作业本，复制出了一个新的状态，双击后将其命名为"小红的作业本"，它的状态内容和小刚的作业本是一样的，如图4.24、图4.25所示。

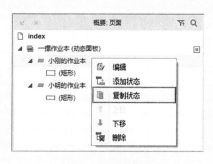

图4.24　复制状态

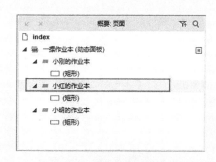

图4.25　小红状态重新命名

3 在页面概要区域双击动态面板的状态就可以打开状态进入编辑页面。双击动态面板，弹出的"动态面板动态管理"对话框中，双击放置动态面板的状态，也会进入相应编辑页面。

4 通过鼠标右键选项还可以调整状态的顺序关系，可以向上向下移动，动态面板的显示内容也会随之发生变化，这样很方便我们调整状态内容的显示情况，如图4.26所示。

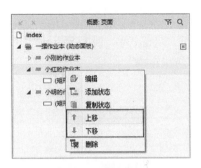

图4.26　调整状态顺序

5　选中状态，单击删除按钮可以删除状态，用同样方法也可以删除动态面板，如图4.27、图4.28所示。

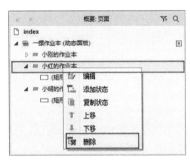

图4.27　删除状态

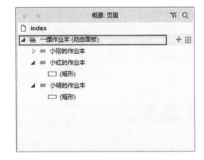

图4.28　删除动态面板

6　漏斗一样的按钮图标是元件过滤器。单击元件过滤器按钮，会弹出很多选项，用于设置元件管理区域的显示情况，现在默认勾选了3个选项，如图4.29所示。

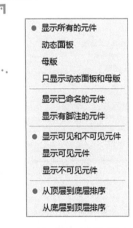

图4.29　元件过滤器

图4.30　只显示母版

7　勾选只显示母版，会发现刚才显示的动态面板隐藏起来了，如图4.30所示。单击勾选只显示动态面板，元件管理区域就会将动态面板的内容显示出来。这个元件过滤器使用起来很方便，可以根据自己的需求来设置。

8 放大镜这个按钮图标大家都很熟悉了，是用来进行检索操作的，如图4.31所示。

图4.31 元件检索

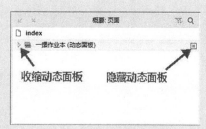

图4.32 收缩、隐藏动态面板

9 可以将动态面板的状态收缩、展现出来，我们还可以将动态面板从视图中隐藏起来。在设计的时候，也经常会用到这个功能，如图4.32所示。

这些就是动态面板和页面概要区域的基本使用方法，学会和掌握动态面板的使用很重要。动态面板元件是使用很频繁的一个元件，也是制作交互效果用得最多的部件。

4.2 动态面板的常用功能

动态面板元件是制作交互效果的主力军，那么它到底可以实现哪些交互效果呢？动态面板有8个常用的功能：显示与隐藏、调整大小以适合内容、滚动栏设置、固定到浏览器、100%宽度、从动态面板脱离、转换为母版、转换为动态面板。这些功能是制作原型过程中不可缺少的。

视频课程

动态面板的常用功能（1）

4.2.1 动态面板的显示与隐藏效果

动态面板通过显示与隐藏效果的切换，完成动态的交互效果。

视频课程 动态面板的常用功能（2）

视频课程 动态面板的常用功能（3）

◆ 实战演练

1 先把当前工程保存起来，将index页面重新命名为"动态面板的常用功能"，page1页面重新命名为"显示与隐藏效果"，如图4.33所示。

图4.33 页面命名

2 进入"显示与隐藏效果"页面，拖曳两个提交按钮元件，将其分别命名为"显示""隐藏"。拖曳一个动态面板元件，动态面板的名称为"显示与隐藏"，将State1重新命名为"内容"，如图4.34所示。

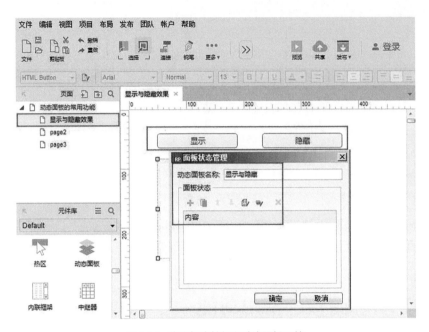

图4.34 拖曳提交按钮和动态面板元件

3 编辑"内容"状态，我们拖曳一个矩形1元件，输入文本内容为"我是显示与隐藏效果页面内容"，回到"显示与隐藏效果"页面，如图4.35所示。

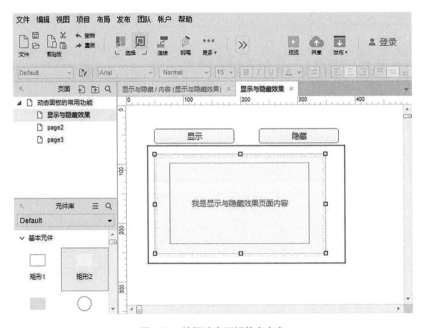

图4.35 编辑动态面板状态内容

4 选中显示按钮之后，在检视区域的属性里，选择触发事件，鼠标单击时是一个触发事件，移动也是一个触发事件，给显示按钮添加鼠标单击时触发事件，如图4.36所示。

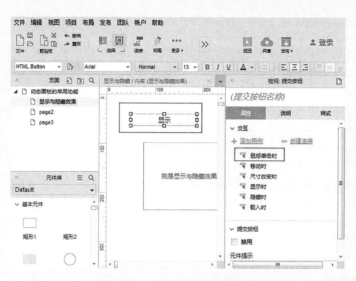

图4.36　添加鼠标单击时触发事件

提 示

什么是触发事件呢？举个例子，假如我们想去三亚，可以坐飞机、火车，甚至可以走着去。一旦决定了某种方式，剩下来的准备都是围绕着这个触发事件来展开的，就像这次采用鼠标单击时触发事件，剩下来所有操作都是围绕鼠标单击时所要达到的效果展开设计的。

5 在弹出的"用例编辑器（鼠标单击时）"对话框中，可以看到有"添加动作""组织动作"和"配置动作"。对话框每个步骤的区域都划分得很清楚，从添加动作、组织动作到配置动作，就可以完成交互效果的设置，如图4.37所示。

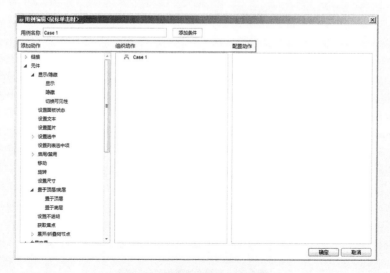

图4.37　添加鼠标单击时触发事件

6 设置添加动作操作。在"添加动作"里单击"元件"的"显示/隐藏"动作，在"配置动作"里可以看到我们新增的动作，也就是它可以管理多个动作。在"添加动作"里可以新增多个动作，当有多个动作时，它是按顺序从上向下依次执行，单击鼠标右键，在弹出的选项中可以调整动作的顺序及删除动作，如图4.38所示。

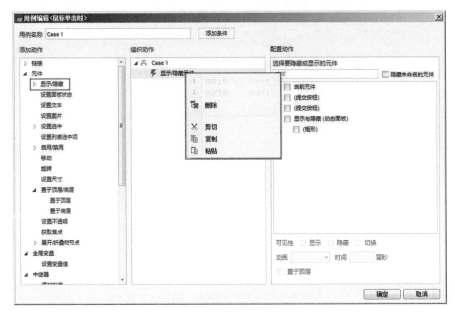

图4.38　单击显示与隐藏动作

7 配置动作。在"配置动作"里，勾选要显示的面板，在"可见性"一栏我们选择"显示"，在"动画"一栏可以设置动画效果。在这里可以选择"逐渐"，时间选择"500毫秒"，如图4.39所示。

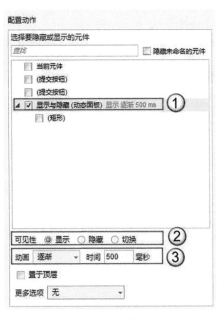

图4.39　配置动态面板显示动作

8 选中隐藏按钮，同样添加鼠标单击时触发事件，弹出用例编辑器对话框。在"添加动作"下面单击"显示/隐藏"操作，在"配置动作"下面勾选"显示与隐藏（动态面板）"，"可见性"一栏选择"隐藏"单选按钮，"动画"一栏选择"向右滑动"效果，"时间"选500毫秒，单击确定按钮，如图4.40所示。

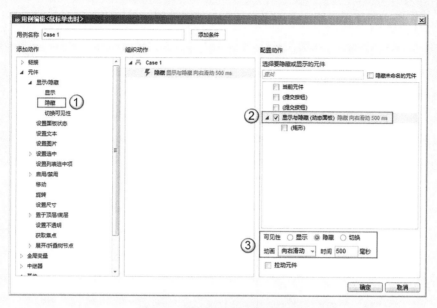

图4.40 给隐藏按钮添加隐藏效果

9 按F5键发布看一下效果，先单击隐藏按钮将动态面板隐藏起来，可以看到它向右滑动隐藏起来，再单击显示按钮，显示出动态面板的内容，就实现了动态面板内容的显示与隐藏效果，如图4.41所示。

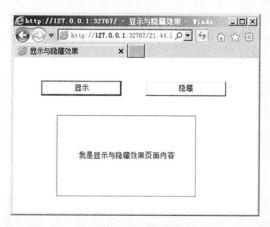

图4.41 发布原型

　　动态面板的隐藏与显示效果，会使页面变得有生气，页面内容动起来，能给用户一种真实的体验。虽然制作的原型是同一种，但是让用户体验到和使用真正软件一样的感受，这就是动态面板元件的强大之处。

4.2.2 调整动态面板的大小以适合内容

调整动态面板的大小以适合内容，是根据内容的大小而进行自动调整动态面板的大小，从而让内容完全的显示出来。

◆ **实战演练**

1 将page2页面命名为"调整大小以适合内容"，打开这个页面，拖曳一个动态面板元件到工作区域，如图4.42所示。

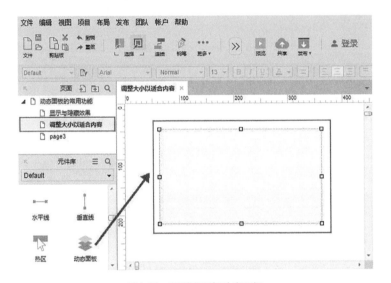

图4.42　新增页面与动态面板

2 双击动态面板，将动态面板命名为"调整大小以适合内容"，状态的名称为"内容"，如图4.43所示。

图4.43　动态面板和状态命名

3 拖曳一个矩形1元件，文本内容为"我是动态面板的内容，超出动态面板的显示区域"，调整矩形元件大小，让它超出显示区域，如图4.44所示。

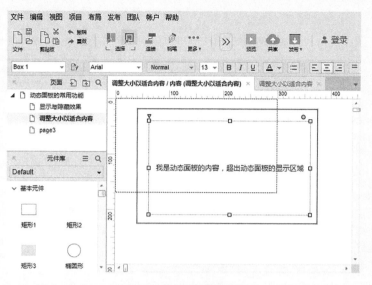

图4.44 编辑面板状态内容

4 回到动态面板的页面,动态面板里的内容部分没有显示出来,在动态面板上单击鼠标右键,选择"自动调整为内容尺寸",会发现动态面板的大小调整了,完全显示了状态里的内容,如图4.45、图4.46所示。

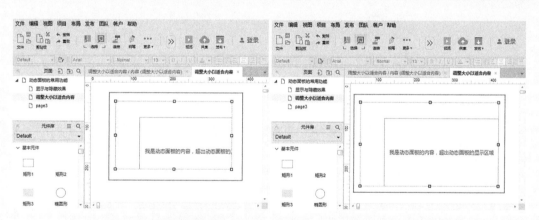

图4.45 没有完全显示出来　　　　　　图4.46 完全显示出来

　　动态面板的调整大小以适合内容的这个功能不会浪费空间,跟着状态里的内容调整动态面板的大小,也不用担心超出动态面板的显示区域会被隐藏起来的问题。

4.2.3 动态面板的滚动栏设置

　　动态面板的滚动栏设置是可以让动态面板出现滚动栏,横向或者纵向拖动滚动栏,可以让内容完全地展现出来。在安装软件的时候,经常会弹出软件安装许可协议,在安装页面无法完全展示出协议的内容,会发现在右侧或者下面有滚动条,通过动态面板的滚动栏设置,同样可以实现这样的效果,如图4.47所示。

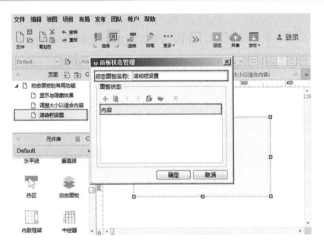

图4.47　安装协议

◆ **实战演练**

1 将page3页面命名为"滚动栏设置"，打开这个页面，拖曳一个动态面板元件，将其为"滚动栏设置"，状态命名为"内容"，如图4.48所示。

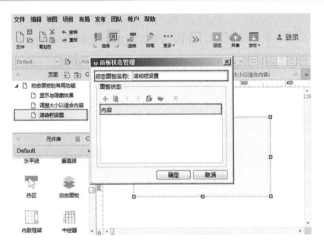

图4.48　页面和动态面板命名

2 进入"内容"状态里，拖曳一个文本段落元件到工作区域，调整一下文本段落元件的大小，如图4.49所示。

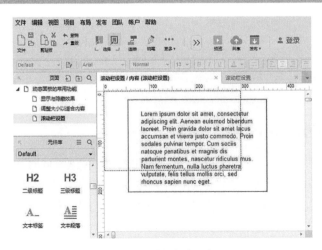

图4.49　编辑状态内容

3 回到动态面板的页面里，在动态面板上单击鼠标右键滚动栏里选择滚动条的显示方式，这里提供了4种显示方式：从不显示滚动条、自动显示滚动条、自动显示垂直滚动条、自动显示水平滚动条。在这里选择自动显示滚动条，如图4.50所示。

4 发布看一下效果，拖动滚动条，就可以完整显示文本内容，如图4.51所示。

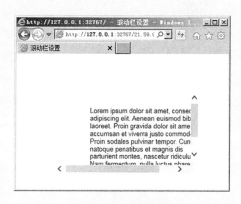

图4.50 自动显示滚动条　　　　　图4.51 发布原型

4.2.4 动态面板的固定到浏览器

　　动态面板的固定到浏览器这个功能效果很常见，如在访问某个网站的时候，某个区域一直悬浮在页面上，有的是一个QQ头像，可以随时单击聊天，或者某个通知的消息框，或者一个向上/下的箭头，通过单击箭头可以直接到达页面的顶部或者尾部。

◆ **实战演练**

1 新增一个页面，页面重新命名为"固定到浏览器"。拖曳一个矩形3元件，文本内容命名为"我是顶部信息"，它的x、y坐标值设置为（0,0），宽度设置为700，如图4.52所示。

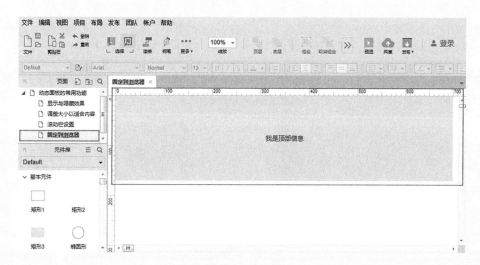

图4.52 顶部信息

2 再拖曳一个矩形3元件，文本内容命名为"我是尾部信息"，它的x、y坐标值设置为（0,1000），宽度设置为700，如图4.53所示。

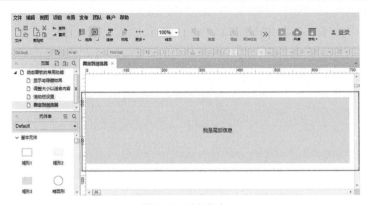

图4.53 尾部信息

3 拖曳一个动态面板元件，动态面板命名为"固定到浏览器"，状态命名为"qq"。拖曳一个图片元件到状态中，插入一个企鹅的图片，如图4.54所示。

图4.54 编辑状态内容

4 回到动态面板的页面，在动态面板上单击鼠标右键在选项里选择"固定到浏览器"，勾选"固定到浏览器窗口"复选框，可以设置横向和纵向固定的位置，横向选择"右侧矩形"，纵向选择"居中"，也可以设置边距，固定的位置可以根据实际需求来选择，如图4.55所示。

图4.55 设置固定到浏览器

5 发布看一下效果，会发现页面随滚动条上下滚动，而企鹅的图标始终固定在右侧里，随时可以单击，如图4.56所示。

图4.56　发布原型

4.2.5 100%宽度

当页面内容超出动态面板显示的区域时，超出的内容将不会被显示，但是若设置100%宽度，这时超出的内容也会被显示出来。

◆ **实战演练**

1 新增一个页面，命名为"100%宽度"。拖曳一个动态面板元件，输入面板的名称为"100%宽度"，状态命名为"内容"，如图4.57所示。

图4.57　新增页面和动态面板

2 进入状态的编辑页面，拖曳一个矩形1元件，文本内容命名为"我是矩形元件，我的宽度超出动态面板的显示区域"，如图4.58所示。

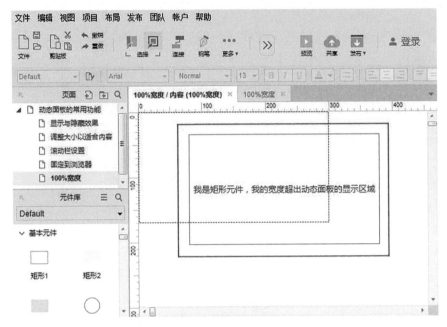

图4.58 编辑状态内容

3 回到动态面板的页面，会看到超出显示的区域没有显示出来，单击鼠标右键，选择"100%宽度"选项。设置完之后，没有任何变化，这个效果只能在浏览器中看到效果，如图4.59所示。

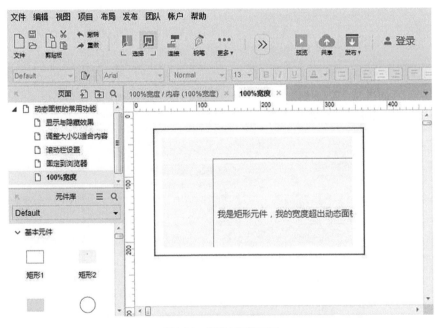

图4.59 设置100%宽度

4 发布看一下效果，矩形1元件的内容在横向上被完全显示出来，但是在纵向上还没有完全显示出来，它只针对宽度起作用，如图4.60所示。

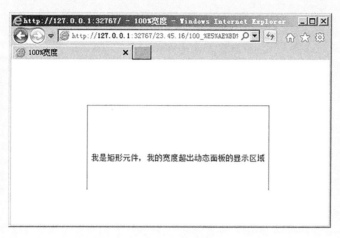

图4.60 发布原型

4.2.6 从动态面板脱离

从动态面板脱离，是将动态面板的状态内容独立出来变为普通的元件，同时这个状态会在动态面板里消失。

◆ **实战演练**

1 新增一个页面，重新命名为"从动态面板脱离"。打开这个页面，拖曳一个动态面板元件，输入名称"从动态面板脱离"，新增两个状态，分别命名为"我是状态一""我是状态二"，如图4.61所示。

图4.61 新增页面和动态面板

2 进入"我是状态一"的状态里面，拖曳一个矩形3元件，文本内容命名为"我是状态一的内容"，如图4.62所示。

图4.62　编辑状态一内容

3 进入"我是状态二"的状态里面，拖曳一个矩形3元件，文本内容命名为"我是状态二的内容"，如图4.63所示。

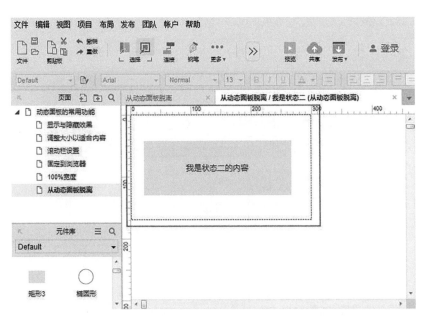

图4.63　编辑状态二内容

4 回到动态面板页面，单击鼠标右键，选择"从首个状态中脱离"选项，状态一就会变为普通的矩形元件，同时动态面板显示状态二的内容，如图4.64所示。

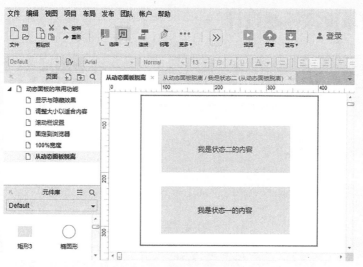

图4.64　状态一脱离动态面板

4.2.7 转换为母版

　　动态面板可以转换为母版。可以将母版理解为可重用的元件，如我们的导航菜单，就可以做成母版，其他页面就可以直接引用，而不需要重新去做导航菜单了。母版的使用方法将在第6章中详细介绍。

4.2.8 转换为动态面板

　　动态面板的状态可以脱离动态面板，转换为普通的元件，也可以将普通的元件或者某个页面的内容转换为动态面板，只要选中要转换的元件，单击鼠标右键，选择"转换为动态面板"即可。

📝 4.3 实战——淘宝登录页签的切换效果

　　淘宝的登录页面，有两种登录方式，如图4.65、图4.66所示。一种是通过输入账户密码的方式，另一种是通过扫描二维码的方式。接下来要制作这两个页签的切换效果，制作一版淘宝登录页签的低保真原型。

视频课程

淘宝登录页签的
切换效果（1）

视频课程

淘宝登录页签的
切换效果（2）

图4.65　快速登录

图4.66　账号密码登录

4.3.1 登录页签标题设计

1 拖曳一个动态面板元件，宽度设置为314，高度设置为332，输入动态面板名称为"登录方式"，设置两种状态，一种是"快速登录"，另一种是"账户密码登录"，如图4.67所示。

图4.67　新建动态面板

2 进入"快速登录"这个状态里，拖曳一个矩形元件，宽度设置为314，高度设置为332，矩形边框设置为灰色（CCCCCC），线宽设置为第二个宽度，如图4.68所示。

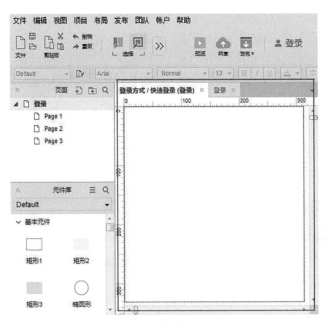

图4.68　设置背景边框

3 拖曳两个标题2元件到工作区域，分别命名为"快速登录"和"账户密码登录"，字号设置为18号字，账户密码登录的字体颜色设置为灰色（999999），以区分当前选中的页签，如图4.69所示。

图4.69 设置登录标题

4 拖曳一个横线元件，放到矩形边框的最上方，宽度设置为314，调整一下线宽，如图4.70所示。

图4.70 设置上边线

5　拖曳一个水平线元件，放到"快速登录"标题的下方，调整一下位置和宽度，颜色设置为黑色（333333）。再拖曳一个水平线元件，放到"账号密码登录"标题的下方，同样需要调整一下位置和宽度，将它的颜色设置为灰色（CCCCCC），作一个区分，如图4.71所示。

图4.71　标题下划线

注　意

制作低保真原型的时候，可以使用黑色、灰色、白色这些通用的颜色，不要使用过多的彩色，否则会干扰到视觉设计师或者UI设计人员的设计思路，造成一种先入为主的感觉。

6　选中"快速登录"这个页面的所有内容进行复制，粘贴到"用户密码登录"这个状态里，将"账户密码登录"及它的下划线设置为黑色（333333），将"快速登录"的颜色设置为灰色（999999），它的下划线设置为灰色（CCCCCC），如图4.72所示。

图4.72　账号密码登录标题设计

4.3.2 快速登录页面设计

1 进入"快速登录"的状态里，拖曳一个图片元件来代替二维码，将它的宽度和高度都设置为110，如图4.73所示。

图4.73 设置二维码

图4.74 手机扫码安全登录

2 在二维码下面还有两行字，我们拖曳一个文本标签元件，文本内容命名为"手机扫码安全登录"，字号为15，加粗，字体颜色设置为灰色（999999），如图4.74所示。

3 拖曳一个文本标签元件，文本内容为"使用手机淘宝，阿里钱盾扫描二维码"，颜色设置为灰色（999999），如图4.75所示。

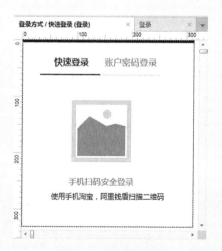

图4.75 使用手机淘宝

这样就设计完成了快速登录这个页面。在这个页面使用图片元件代替二维码的显示，页面内容相对简单。

4.3.3 账号密码登录页面设计

1 先来设计用户名和密码的输入框。输入框由两部分组成，一部分是图标，代表用户名和密码，另一部分就是输入用户名和密码的输入框。拖曳一个矩形1元件，宽度设置为220，高度设置为37，边框设置为灰色（CCCCCC），作为用户名的输入边框，如图4.76所示。

图4.76　用户名输入边框　　　　　　　　　图4.77　用户名输入框和图标

2 拖曳一个图片元件，作为用户名的图标，宽度设置为36，高度设置为35，拖曳一个文本框元件，宽度设置为180，高度设置为30，如图4.77所示。

3 用户名输入框里有提示信息"手机号/会员名/邮箱"，在检视区域里选择"属性"，"类型"选择"文本类型"，"提示文字"里输入"手机号/会员名/邮箱"，给提示文字设置一个样式，设置字体颜色为灰色（999999），并且将边框隐藏起来，如图4.78所示。

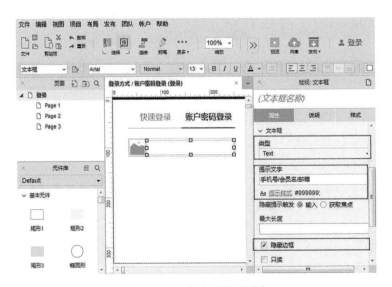

图4.78　用户名输入框提示信息

注　意

　　用户名输入框里有提示信息，是友好的设计，如果没有给提示信息，用户会很茫然，到底是应该输入用户名呢还是应该输入手机号呢，邮箱可不可以啊。在设计的时候，也要关注到这个细节，让用户茫然的地方，都是设计的败笔。

4 选中用户名输入框的边框、图标及文本输入框，按住Ctrl键向下拖曳，复制一份，作为密码的输入框，如图4.79所示。

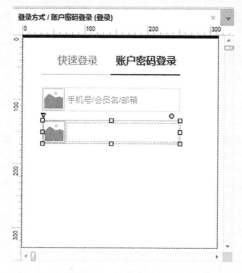

图4.79　密码输入框

5 去掉密码输入框里的提示信息，文本输入框的边框要去掉，设置一下密码输入框的属性，将它的类型设置为密码类型，这样可以保护密码的安全，如图4.80所示。

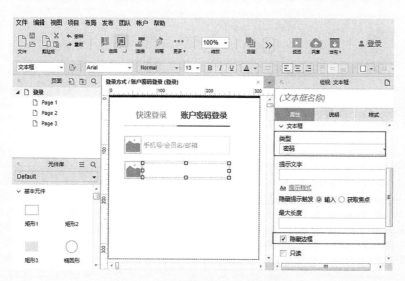

图4.80　去掉密码输入框里的提示信息

6 拖曳两个文本标签元件，文本内容分别为"忘记登录密码？"和"免费注册"，将它们的标签分别命名为"忘记密码"和"免费注册"，如图4.81所示。

图4.81 忘记密码与免费注册   图4.82 登录按钮

7 接下来是一个登录按钮。拖曳一个提交按钮，将它的宽度设置为220，高度设置为38，文本内容重新命名为"登录"，如图4.82所示。

8 拖曳一个图片元件，作为微博的图标，宽度设置为17、高度设置为17。拖曳一个文本标签元件，文本内容命名为"微博登录"，标签命名为"微博"，如图4.83所示。

图4.83 微博登录   图4.84 支付宝登录

9 拖曳一个图片元件，作为支付宝登录的图标，宽度设置为17、高度设置为17。拖曳一个文本标签元件，文本内容命名为"支付宝登录"，标签命名为"支付宝"，如图4.84所示。

这样就设计完成了账号密码登录界面。它包括输入框的设计、登录按钮的设计、忘记密码、免费注册及其他登录方式的设计，页面内容比较多，相对复杂。

4.3.4 页签交互效果设置

回到登录页面，现在看到的是快速登录的页面，那么想看到账户密码登录的页面怎么办？如何实现他们之间的相互切换呢？

1 需要在这两个标题上分别设置触发事件，使用图像热区元件。拖曳一个图像热区元件，调整大小，如图4.85所示。

图4.85　添加快速登录图像热区

2 设置一个鼠标单击时触发事件。在"添加动作"下面单击"设置面板状态"，在"配置动作"下面勾选登录方式的动态面板，选择动态面板的状态为"快速登录"，如图4.86所示。

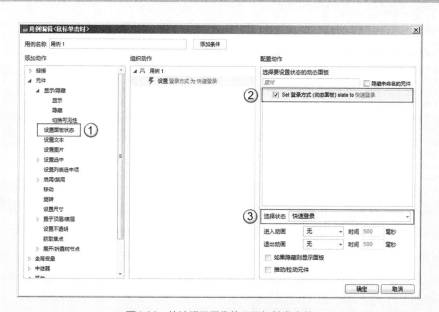

图4.86　快速登录图像热区添加触发事件

3 再拖曳一个图像热区元件，调整大小，放置在账户密码登录的上方，如图4.87所示。

图4.87 账户密码登录图像热区

4 设置一个鼠标单击时触发事件，在"添加动作"下面单击"设置面板状态"，在"配置动作"下面勾选登录方式的动态面板，选择动态面板的状态为"账户密码登录"，如图4.88所示。

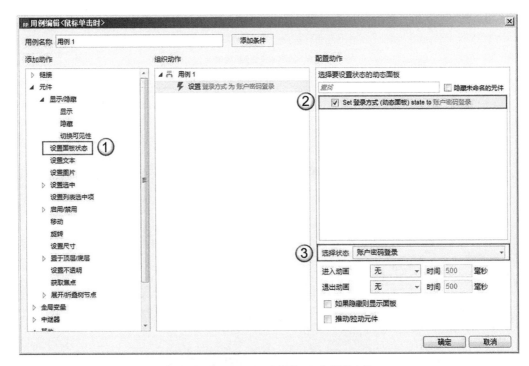

图4.88 账户密码登录图像热区添加触发事件

5 按F5键发布看一下效果，单击"快速登录"和"账户密码登录"这两个页签，可以实现两个页面内容的切换效果，如图4.89所示。

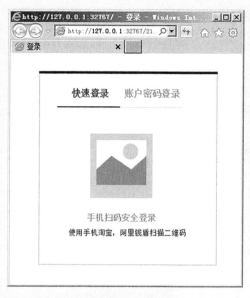

图4.89　发布原型

 **4.4 小结**

本章主要学习使用Axure的动态面板制作动态的交互效果，应当做到以下几点。

（1）学会动态面板的使用，如何创建动态面板、动态面板的命名及创建动态面板的状态和状态的命名。

（2）学会动态面板的常用功能，理解他们的含义及他们使用的场景。

（3）学会制作淘宝登录页签的切换效果，进一步深化理解动态面板的使用方法。

练习

完成京东商城注册表单页签切换效果，实现个人用户与企业用户两个页签可以相互切换，动态地显示页面内容，如图4.90所示。

图4.90　京东注册表单

第5章　用Axure变量制作丰富交互效果

Auxre RP8原型设计工具里提供了全局变量和局部变量。在原型设计过程中，这两种变量非常实用，使用它们可以制作出更加丰富的交互效果，如遇到需要很多条件判断或者页面间进行参数传递的情况，如图5.1所示，使用变量即可轻松解决问题，同时还能丰富原型的交互效果。

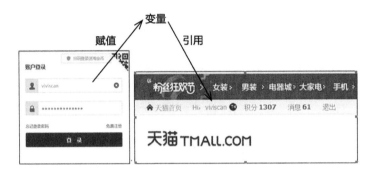

图5.1　用变量可实现登录页面和首页的参数传递

本章案例：制作简易计算器，如图5.2所示。

图5.2　简易计算器

 ## 5.1 全局变量和局部变量的使用

变量通常用于存储数据、数据的传递及条件判断。如果要在IE浏览器里显示原型，推荐使用少于25个变量。

- 全局变量：在所有页面里都可以使用，但是全局变量的值也很容易被修改掉，因为所有页面都有权限修改它的变量值，所以在使用的过程中需要注意。

- 局部变量：只供某个局部区域使用，比如在某个触发事件的某个动作使用，其他触发事件就不可以使用。

- 变量设置规则：变量名必须是字母或数字，并以字母开头，少于25个字符，且不能包含空格。

视频课程

全局变量和
局部变量的
使用

单击"项目菜单"的"全局变量"选项，在打开的"全局变量"的对话框里可以新增和编辑全局变量。默认有一个全局变量"OnLoadVariable"，我们单击绿色加号新增一个全局变量总数量"count"，变量值可以默认为空，也可以赋值，让count等于0，如图5.3所示。

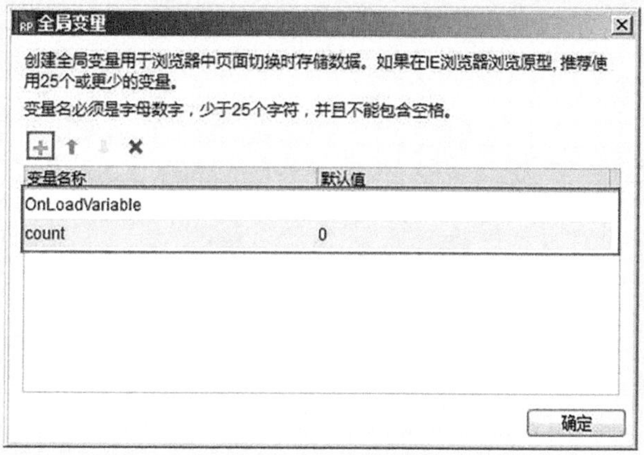

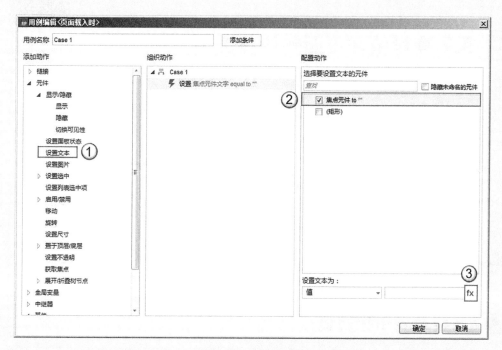

图5.3　新增全局变量

单击加号右侧的箭头可以调整变量的前后关系，叉号可以删除变量。

局部变量应用在某个交互效果的设计过程中，如在工作区域下方的页面管理区中，选择页面交互选项卡（见1.3.7节），双击"页面载入时"触发事件，单击"设置文本"，勾选"焦点元件"复选框，单击"fx"按钮，如图5.4所示。

图5.4　设置文本动作

在弹出的"编辑文字"对话框中，单击"新增局部变量"即可新增一个局部变量，可以对局部变量重新命名和赋值，这个局部变量只在给文本赋值的时候有作用，其他的交互动作是访问不到这个局部变量的，如图5.5所示。

图5.5 新增局部变量

局部变量赋值的方式有很多，可以通过元件文字、选中状态值、选中项值、变量值、焦点元件上的文字、元件的方式赋值。

拓展课程

Axure内置变量的介绍

 5.2 变量值在页面间的传递

变量有一个主要作用，就是变量值在页面间传递。在登录淘宝或者其他网站的时候，输入用户名和密码，校验成功后，会跳转到一个新的页面，在新的页面里经常会看到"欢迎xxx"这样文字；在搜索框进行搜索的时候，输入搜索条件，当单击搜索跳转到下一个页面的时候，同样会将搜索条件带过去。这些都是真实软件的交互效果，完全可以利用Axure变量实现。

下面看看如何利用变量值在页面间进行传递。

视频课程

变量值在页面间传递案例详解

5.2.1 登录表单和首页

◆ **实战演练**

1 把Home页面重新命名为"登录"，拖曳一个矩形1元件，宽度设置为300，高度设置为260，填充灰色（CCCCCC），作为登录表单的背景，如图5.6所示。

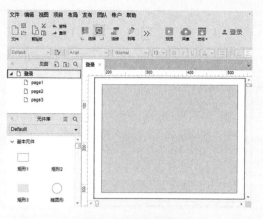

图5.6 登录表单背景

2 拖曳一个文本标签元件，把它重新命名为"用户名"，字号设置为16；拖曳一个文本框（单行）元件，作为用户名的输入框，标签命名为"name"，如图5.7所示。

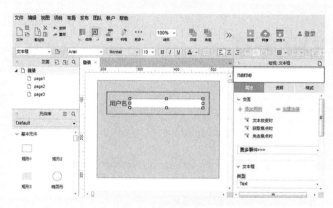

图5.7 用户名输入框

3 拖曳一个文本标签元件，重新命名为"密码"，字号设置为16；拖曳一个文本框（单行）元件，作为密码的输入框，标签命名为"password"；拖曳一个提交按钮元件，宽度设置为200，高度设置为30，文本内容命名为"登录"，如图5.8所示。

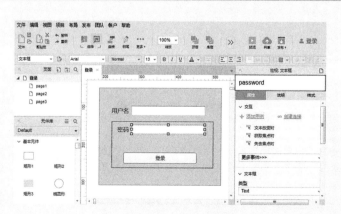

图5.8 密码输入框和登录按钮

4 将Page1命名为"首页"并打开，拖曳一个矩形元件，用来显示登录后传递过来的用户名和密码，标签命名为"content"，如图5.9所示。

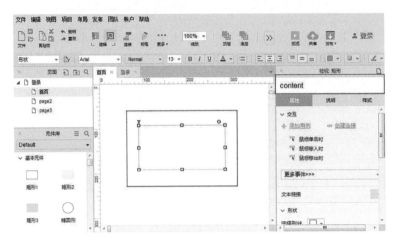

图5.9 首页

5.2.2 新增变量和赋值

◆ **实战演练**

1 需要新增两个全局变量，用来保存输入的用户名和密码。单击"项目"菜单，选择"全局变量"，将"OnLoadVariable"全局变量命名为"userName"，再新增一个全局变量，重新命名为"pwd"，如图5.10所示。

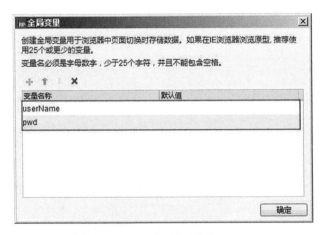

图5.10 新增全局变量

2 进入登录页面，选中登录按钮，给它添加鼠标单击时触发事件，在"添加动作"下面单击"设置变量值"动作，先给全局变量userName赋值，勾选"userName"复选框，单击"fx"按钮，如图5.11所示。

图5.11 设置userName变量值

3 进入"编辑文字"对话框,将用户名输入框里的信息赋值给全局变量userName,需要新增一个局部变量直接输入[[LVAR1]],如图5.12所示。选"元件文字",指的是把元件上的文字赋值给这个局部变量。在第二个下拉菜单选择用户名输入框"name",单击"确定"按钮将这个局部变量插入内容的编辑区域,给全局变量userName赋值。

图5.12 userName赋值

注 意

先将用户名输入框里的信息赋值给一个局部变量,然后局部变量把这个值又赋给全局变量,这样输入框里的用户名信息就保存到了全局变量里。

4 用同样的方式将密码输入框里的信息保存到全局变量里。在"添加动作"下面单击"设置变量值"动作,在"配置动作"下面勾选"pwd"复选框,单击"fx"按钮,也需要新增一个局部变量,通过元件文字的形式赋值,选择"password"这个元件,单击"确定"按钮将局部变量插入内容编辑区域,如图5.13所示。

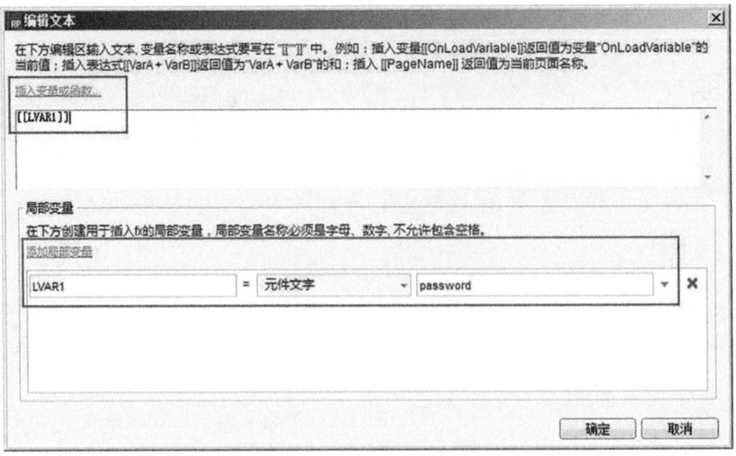

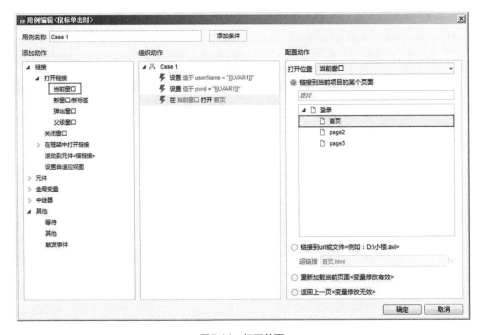

图5.13　全局变量pwd赋值

5 登录成功后需要跳转到下一个页面，在"添加动作"下面单击"打开链接"，在"配置动作"下面选择"当前窗口"并选择打开"首页"，如图5.14所示。

图5.14　打开首页

5.2.3　首页显示变量值

◆ 实战演练

1 打开首页，在页面交互选项卡中添加一个页面载入时触发事件，在"添加动作"下面单击"设置文本"，在"配置动作"下面勾选"content"复选框，单击"fx"按钮，如图5.15所示。

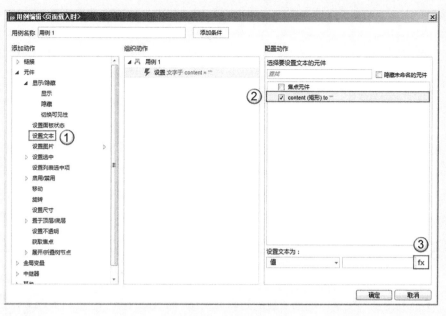

图5.15　设置文本

2 输入"用户名："，插入全局变量"userName"，输入"密码："，插入全局变量密码"pwd"，这样就完成了给矩形元件的文本内容赋值，如图5.16所示。

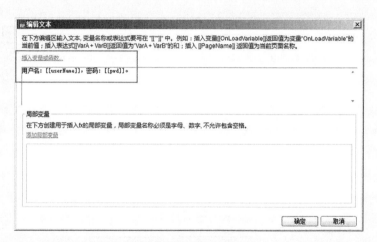

图5.16　插入全局变量

5.2.4 发布原型

　　打开登录页面，按F5键发布原型，输入用户名"kevin"，密码"123456"，单击"登录"，可以看到用户名和密码都被带到下一个页面。回到登录页面输入用户名小刚，密码"111111"，可以看到首页内容也随之发生了变化，给用户一种真实的体验效果，如图5.17、图5.18所示。

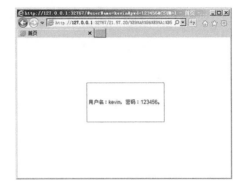

图5.17 登录页面	图5.18 首页

 5.3 实战——制作简易计算器

　　下面利用全局变量、局部变量的知识来制作一个简易的计算器，实现加减乘除运算，进一步熟悉使用变量的方法，如图5.19所示。

视频课程

制作简易计算器（1）

视频课程

制作简易计算器（2）

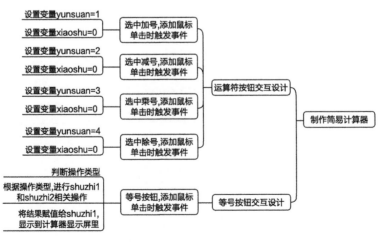

图5.19　简易计算器效果与制作流程

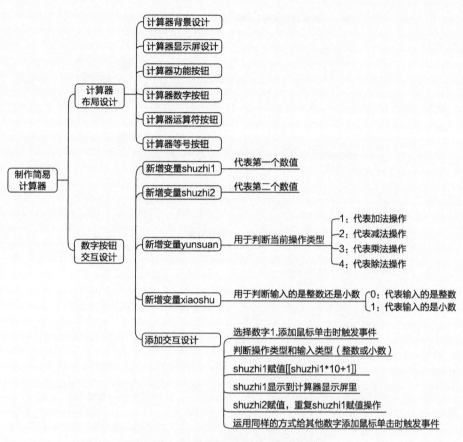

图5.19　简易计算器效果与制作流程（续）

　　先来看一下简易计算器的布局，将具有相同属性的按钮分为一组。在这里可以分为4组：功能按钮、数字按钮、运算符按钮和等号按钮。进行这样的分组，页面层次就会显得很清晰，分组设计、层次分明、颜色对比差异大，可以快速地找到想要的按钮。在做原型设计的时候，也要学会利用这种理念。

　　下面开始来设计这个简易计算器的原型。

5.3.1 计算器布局设计

1 拖曳一个矩形1元件，宽度设置为377、高度设置为346，边框的宽度选择第三个线宽，设置圆角半径为5，填充为灰色（DADADA），作为计算器的背景，如图5.20所示。

2 拖曳一个文本框元件，宽度设置为348，高度设置为44，文本框里默认显示的是0。在"属性"里面，添加提示文字"0"，将它设置为居右对齐，并勾选"只读"状态，如图5.21所示，输入框内容只能通过按键进行输入，标签命名为"show"。

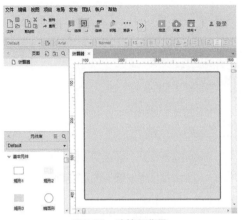

图5.20　计算器背景

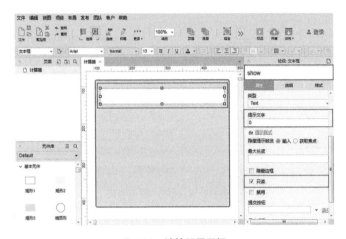

图5.21　计算器显示框

> **3** 拖曳一个矩形1元件，宽度设置为60，高度设置为40，圆角半径为5，填充背景色（DF8045），文本内容命名为"退格"，文本的字号设置为16，加粗，白色字体，按住Ctrl键，拖曳出两个同样的矩形元件，分别命名为"全清"和"清屏"，如图5.22所示。

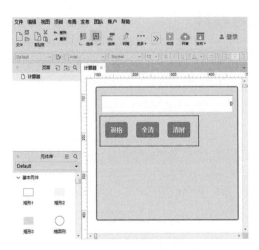

图5.22　功能按钮

4 拖曳一个按钮元件，宽度设置为60，高度设置为40，调整一下位置，文本内容为 "7"，字号为16，加粗，复制10个同样的元件，制作其他数字按钮，如图5.23所示。

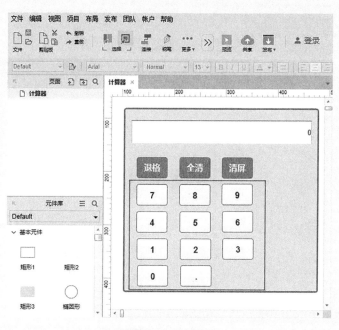

图5.23　数字按钮

5 拖曳一个矩形元件，宽度设置为70，高度设为40，圆角半径为5，填充背景色（999999），修改文本内容，利用斜杠代表除法，设置为20号字、加粗、白色字体，按住Ctrl键向下拖曳，复制3个同样的按钮，分别修改文本内容，如图5.24所示。

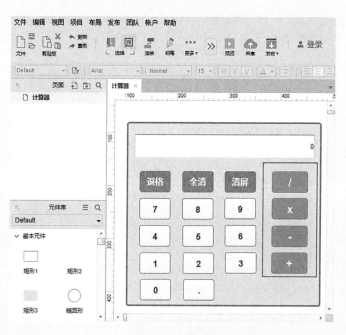

图5.24　运算按钮

6 拖曳一个矩形元件，高度设置为40，圆角半径设置为5，填充背景色（009900），文本内容修改为等号，设置为20号字、加粗、白色字体，如图5.25所示。

图5.25 等号

5.3.2 数字按钮交互设计

1 计算器都是两个数相加或者相减，需要把这两个数分别设置为变量，设置为shuzhi1、shuzhi2，默认值设置为0；还需要设置一个变量来代表运算符号，命名为yunsuan，默认值为0，代表没有输入任何运算符号；计算器可以输入整数或者小数，需要一个变量来说明它正在输入的是小数还是整数，将其命名为xiaoshu；设置temp变量和changdu变量，它们一个用来存放临时值，一个用来代表输入的长度，如图5.26所示。

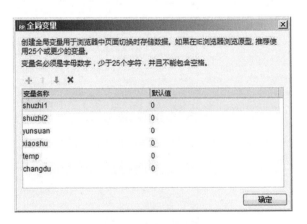

图5.26 新增全局变量

yunsuan的值为1时，代表加法运算；值为2时，代表减法运算；值为3时，代表乘法运算；值为4时，代表除法运算。

当xiaoshu的值等于0的时候，代表正在输入的是整数，等于1的时候代表输入的是小数。

2 选中数字1按钮，给它增加鼠标单击时触发事件。需要添加条件，用来判断当前是给shuzhi1还是给shuzhi2赋值，还要判断输入的是整数，还是小数。单击"添加条件"按钮，给运算设置条件，当变量yunsuan的值等于0，代表输入的是shuzhi1的值，当xiaoshu的值等于0，代表是两个整数操作，单击"确定"按钮，如图5.27所示。

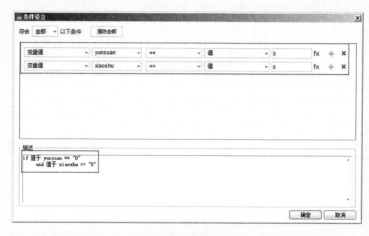

图5.27 新增条件

3 现在需要给shuzhi1变量进行赋值。单击"设置变量值"，勾选shuzhi1复选框，单击"fx"按钮，第一次单击1后，输入框里显示的是1，再次单击1，输入框里变为11，它是以10的倍数在增长，所以插入表达式[[shuzhi1*10+1]]，单击"确定"按钮如图5.28所示。

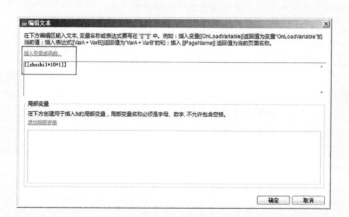

图5.28 shuzhi1赋值

4 接着将shuzhi1的内容显示到输入框里，单击设置文本，勾选show复选框，单击"Fx"按钮将shuzhi1变量的值赋给它，如图5.29所示。

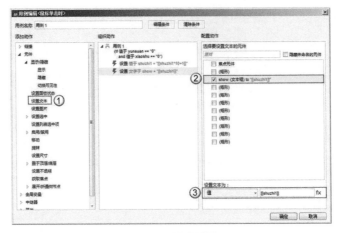

图5.29　输入框赋值

5 给shuzhi2变量进行赋值。新增一个用例，新增一个条件，当变量yunsuan的值不等于0时，代表给shuzhi2变量进行赋值；当变量xiaoshu的值等于0时，则是进行整数操作，单击"确定"按钮如图5.30所示。

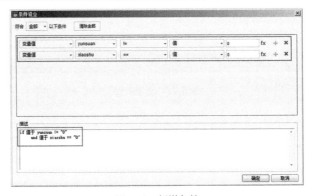

图5.30　新增条件

6 单击"设置变量值"，勾选shuzhi2复选框，单击"fx"按钮，插入表达式[[shuzhi2*10+1]]，单击"确定"按钮返回接着将shuzhi2的内容显示到输入框里，单击"设置文本"，勾选show复选框，单击"fx"按钮将shuzhi2变量的值赋给它，如图5.31所示，单击"确定"按钮。

图5.31　输入框赋值

5.3.3 运算符按钮交互设计

1 选中加号，给它添加鼠标单击时触发事件。选择"设置变量值"将yunsuan变量值设置为1，代表相加操作，将xiaoshu变量值设置为0，代表输入整数操作，如图5.32所示。

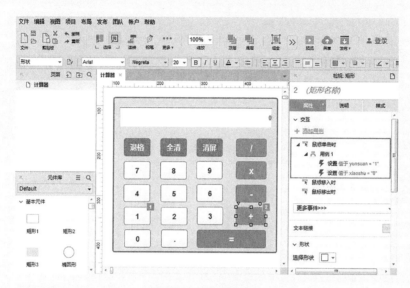

图5.32 加法运算交互

2 复制用例。将这个用例复制给其他3个运算符，减法yunsuan的值等于2，乘法yunsuan的值等于3，除法yunsuan的值等于4，如图5.33所示。

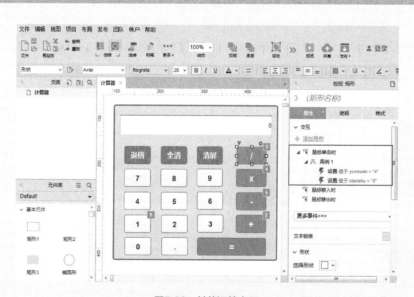

图5.33 其他运算交互

复制用例很方便，可极大地减少工作量。

5.3.4 等号按钮交互设计

1 选中数字1按钮，复制它的用例给数字2按钮，在它的基础上将表达式中"+1"改为"+2"，如图5.34所示。

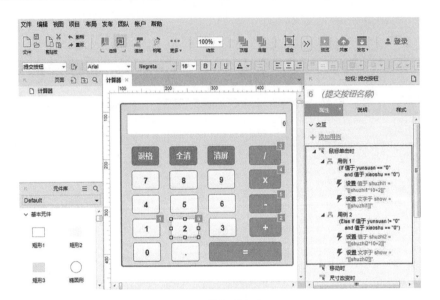

图5.34 数字2按钮交互

2 给等号添加鼠标单击时触发事件。等号需要判断当前是相加操作还是其他操作，单击新增条件，如果yunsuan的值等于1说明是相加操作，将shuzhi1和shuzhi2两个变量的值进行相加的结果给shuzhi1，并显示在输入框里，同时还要对shuzhi2进行清零操作，将其赋值为0，将xiaoshu这个变量赋值为0，代表再次输入的时候，将先输入整数，如图5.35所示。

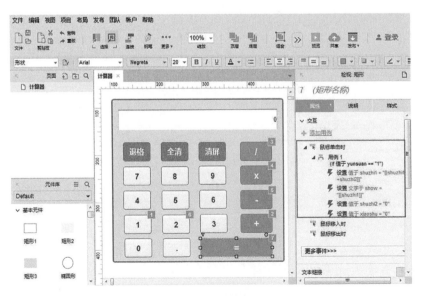

图5.35 相加操作

注 意

为什么要将相加结果赋值给shuzhi1，因为这样还可以输入数值，和以前的结果相加。

3 复制相加操作用例，再复制3个用例，让它们分别代表加减乘除4个操作，如图5.36所示。

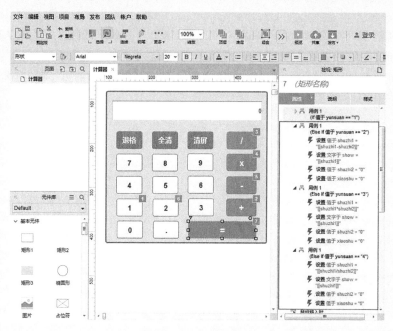

图5.36 其他运算操作

4 按F5键发布原型，单击数字按键1和2、运算符和等号可以实现运算器整数的加减乘除操作，如图5.37所示。

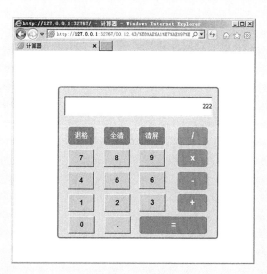

图5.37 发布原型

5.4 小结

本章主要学习Axure变量的使用，包括局部变量和全局变量的使用，应当做到以下几点。

（1）理解Axure的全局变量和局部变量的含义及使用方法。

（2）学会使用Axure变量值在页面间传递，实现高级交互效果。

（3）学会使用Axure变量来制作简易计算器，深入地使用Axure变量。

练习

简易计算器只能完成整数的加减乘除操作，并且数字按钮只能使用1或者2，请完成以下内容。

（1）按照数字1的方式给其他数字按钮添加鼠标单击时触发事件。

（2）给点号按钮添加鼠标单击时触发事件，使计算器既能实现整数的加减乘除操作，也能实现小数的加减乘除操作。

第6章 用Axure母版减少重复工作

在原型设计过程中，往往会涉及很多重复的页面内容，包括页面的首部、版权信息、导航菜单等，如果不使用母版，这些页面就需要重复制作，工作量很大，若使用母版，在母版里面只需要设计一次页面内容，这样其他页面可以直接使用这个母版，在母版里修改还可以实现所有引用母版的页面同时更新，也不需要再到每个页面里修改内容，如图6.1所示。

图6.1 用母版设计页面重复出现的内容

本章案例：百度门户导航菜单母版设计，效果如图6.2所示。

图6.2 百度门户母版设计

6.1 母版功能介绍

　　Axure的母版解决重复制作原型某个类似功能的问题，制作一次母版，其他页面进行复用。在Axure原型设计工具的左下角区域是Axure的母版区域，如图6.3所示。

图6.3　Axure母版区域

6.1.1 母版的使用

　　Axure母版区域提供3个快捷按钮：新增母版、新增母版文件夹及检索母版。更多的操作是在母版里单击鼠标右键，弹出的选项里有新增母版、新增文件夹、调整母版之间的顺序及层级关系、删除母版和检索母版等功能，和页面区域的功能条的使用一样。

◆ 实战演练

1 单击"新增母版"按钮可以新增一个母版，也可以单击鼠标右键选择"添加"，输入母版的名称"导航菜单"，如图6.4所示。

图6.4　导航菜单母版

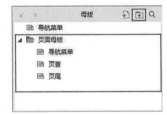

图6.5　母版文件夹

2 单击"新增文件夹"按钮可以新增文件夹，命名为"页面母版"。对母版进行归类，可以存放导航菜单的母版、页首的母版、页尾的母版，单击鼠标右键选择"移动"选项调整页面层级关系，如图6.5所示。

3 在母版上单击鼠标右键的选项里，通过"移动"选项可以调整母版之间的上下顺序和层级关系，通过"删除"选项可以进行删除母版，删除子母版的时候会弹出提示信息，如图6.6所示。

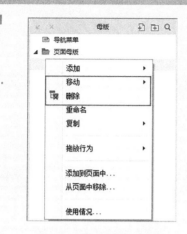

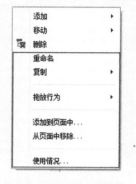

图6.6 调整母版顺序和删除　　　　图6.7 母版右键菜单选项

4 在母版上单击鼠标右键的选项里，除了可以进行新增母版、新增文件夹、移动和删除操作，还提供母版重命名、母版复制、设置母版拖放行为、将母版添加到页面中、将母版从页面中删除及查看母版使用情况等功能，如图6.7所示。

6.1.2 制作母版的两种方式

　　上一节中讲解了母版功能条的使用，那怎么制作母版呢？有两种方式，一种是通过元件的方式来转换为母版，另一种是通过母版区域新建母版。下面来演示一下。

1. 通过母版区域新建母版

◆ **实战演练**

1 在母版区域里新建一个"导航菜单"母版，进入这个母版里，拖曳5个矩形1元件，宽度设置为100，高度设置为40，制作首页、公司介绍、新闻中心、招贤纳士、联系我们这5个菜单，如图6.8所示。

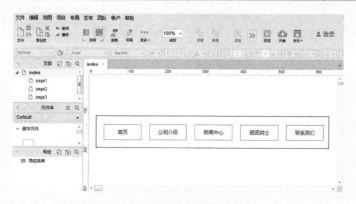

图6.8 新建导航菜单母版

2 在页面区域上新建5个页面，分别命名为"首页""公司介绍""新闻中心""招贤纳士"和"联系我们"，用来显示这5个菜单的内容，如图6.9所示。

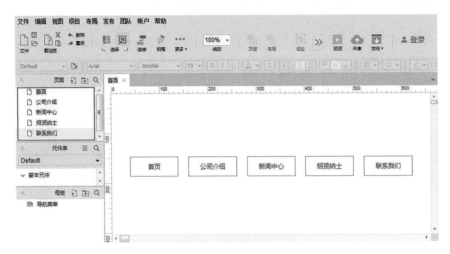

图6.9　新建五个页面

3 将制作完的母版，引用到5个页面里，需要在导航菜单母版上，鼠标右键单击选择"新增页面"选项，将母版引用到想引用的页面里，如图6.10所示。

图6.10　母版引用到页面里

4 进入"首页"页面里，可以看到将母版的"导航菜单"引用到了首页里，其他页面也是一样的，如图6.11所示。

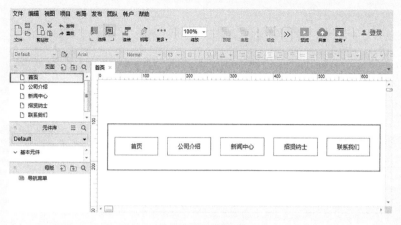

图6.11 首页内容

5 假如不想将母版引用到页面里，在"导航菜单"母版上单击鼠标右键，选择"页面删除"选项即可，也可以直接在首页里将该母版引用删除，如图6.12所示。

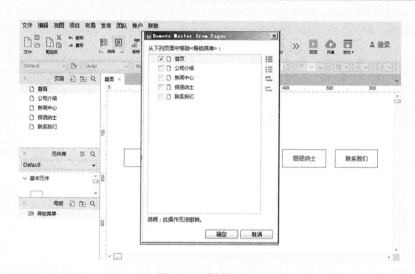

图6.12 删除首页母版

通过母版区域新建母版，然后引用到页面里的方式，适于明确知道有哪些内容要共用、复用的情况，比如导航菜单、版权信息等。

2. 通过元件转换为母版

在原型设计过程中，需要重复设计某个区域内容，这时可以把这个内容抽取出来，制作成母版，避免重复制作。

◆ 实战演练

1 在页面区域上建立一个页面"首页"。进入"首页"里，同样制作5个菜单，如图6.13所示。

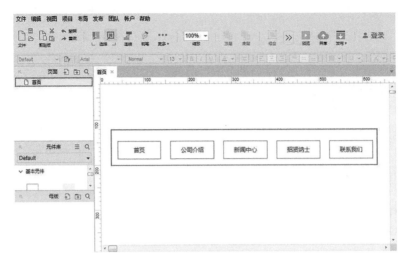

图6.13 新建首页页面

2 同时选中这5个菜单，单击鼠标右键选择转换为"母版"，新母版命名为"导航菜单"即可，如图6.14所示。

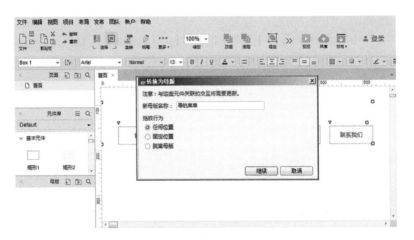

图6.14 元件转换为母版

3 元件转换完母版后，就可以在母版区域里看到转换后的母版"导航菜单"，如图6.15所示。

图6.15 转换后的母版

这种方式适于事先并不能确定哪些内容可以设计成母版的情况。

6.2 母版的3种拖放行为

母版有3种拖放行为：任何位置、锁定到母版中的位置、从母版脱离。下面来看看母版这3种拖放行为及它们的含义。

6.2.1 拖放行为为任何位置

任何位置：母版在引用的页面可以被移动，放置在页面中的任何位置，对母版所做的修改在所有引用母版的页面都会同时更新。

◆ **实战演练**

1 在母版区域新增一个母版，命名为"版权信息"。进入这个母版里，拖曳一个矩形1元件，宽度设置为800，高度设置为100，文本内容输入为"这是版权信息"，如图6.16所示。

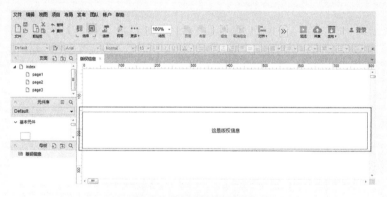

图6.16　新建版权信息母版

2 在页面区域上新建5个页面，分别命名为"首页""公司介绍""新闻中心""招贤纳士"和"联系我们"，用来显示这5个菜单的内容，如图6.17所示。

图6.17　新建5个页面

3 将制作完的母版引用到"公司介绍""新闻中心"两个页面里,需要在版权信息母版上单击
鼠标右键,选择"新增页面",将母版引用到想引用的页面,如图6.18所示。

图6.18 母版引用到页面里

4 进入"公司介绍"页面,可以看到"版权信息"的母版被引用到了"公司介绍",移动引用
的版权信息内容,发现无法移动,在母版上单击鼠标右键,将"固定位置"取消勾选,就可
以随意移动母版内容了,这就是任何位置的拖放行为,如图6.19所示。

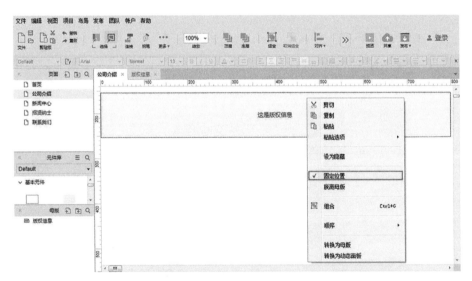

图6.19 设置为任何位置的拖放行为

5 在"版权信息"母版里修改版权信息,再新增"2016年"这几个字,回到"公司介绍""新
闻中心"页面里,可以看到引用母版的页面内容也会发生修改。这样当有变更的时候,就不
需要到页面里逐个进行修改,只需要在母版里进行修改,引用母版的页面可以自动更新,如
图6.20所示。

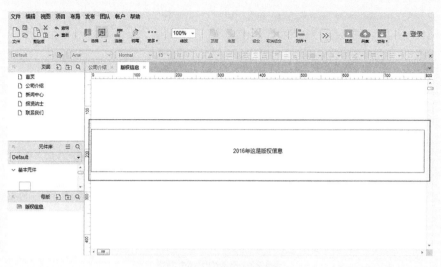

图6.20　修改母版内容

6.2.2 拖放行为为锁定到母版中的位置

锁定到母版中的位置：母版在引用的页面会处于最底层并被锁定，对母版所做的修改会在所有引用母版的页面同时更新，页面引用母版中的控件位置与母版中的位置相同，这种拖放行为常用于布局和底板。

很多网站需要更换不同的背景色或者背景图片，使用母版可以进行背景色或者背景图片的切换，这样所有的页面背景都会一起更改。

◆ **实战演练**

1 新增一个母版，命名为"背景图"。打开这个母版，拖曳一个矩形3元件，宽度设置为800，高度设置为1000，位置（0,0），如图6.21所示。

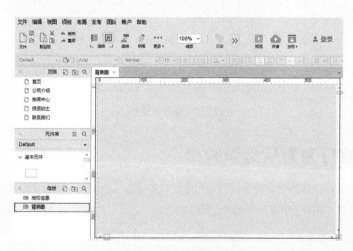

图6.21　新建背景图母版

2 将"背景图"母版引用到"招贤纳士"页面。打开"招贤纳士"页面，可以看到母版已被成功引用，如图6.22所示。

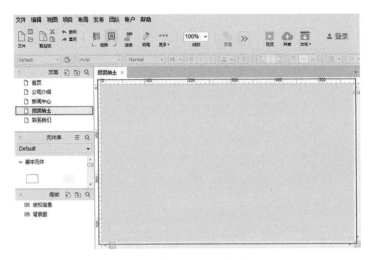

图6.22　母版引用到页面里

3 在"招贤纳士"页面里可以看到我们无法移动引用的母版内容。如果背景图想换成其他的颜色，比如绿色，只需要在"背景图"母版里，填充为绿色（00CC00），页面的背景图也会随之变为绿色，如图6.23所示。

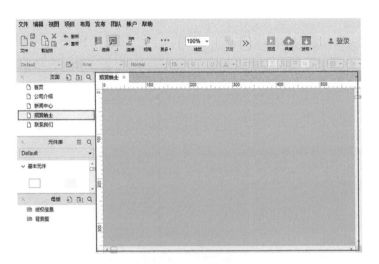

图6.23　修改背景色

6.2.3 拖放行为为从母版脱离

从母版脱离：这种拖放行为会使页面引用的母版与原母版失去联系，页面引用的母版元件可以像一般元件一样进行编辑，常用于创建包含自定义元件的组合。

◆ **实战演练**

1 在母版区域里新建一个"导航菜单"母版，进入这个母版里，同样制作5个菜单，如图6.24所示。

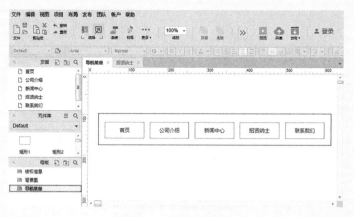

图6.24 导航菜单母版

2 将制作完的"导航菜单"母版，引用到"联系我们"页面里，如图6.25所示。

图6.25 母版引用到页面里

3 进入"联系我们"页面里，可以看到引用的导航菜单内容，默认引用的母版内容是锁定的，不能移动。如果想修改引用的母版内容，需要将其变为一般元件，在母版内容上单击鼠标右键勾选"脱离母版"，如图6.26所示。

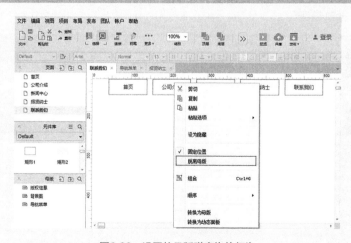

图6.26 设置从母版脱离拖放行为

4 导航菜单从母版脱离后，变为普通元件，导航菜单内容可以随意地移动和放置，就算"导航菜单"母版内容修改，"联系我们"页面内容也不会随之变化。进入"导航菜单"母版，复制一个导航菜单，文本内容为"留言本"，回到"联系我们"页面可以看到，内容并没有更新，如图6.27所示。

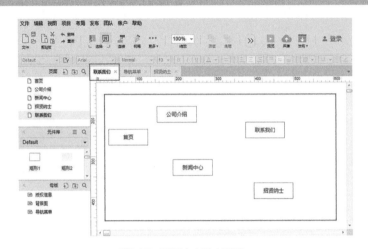

图6.27 页面内容没有更新

拓展课程

Axure母版
导航设计原
理案例详解

从母版脱离拖放行为常用于需要自行定义的部件或页面，可以先引用母版，再脱离母版，最后自定义元件。

母版的3种拖放行为可以根据具体情况来选择。

 6.3 实战——百度门户导航菜单母版设计

在前面的章节中，讲述了母版功能的使用、制作母版的两种方式及母版的3种拖放行为，Axure的母版是一个经常被用到的功能，它可以减少设计原型的工作量，提高工作效率。下面通过设计百度门户导航菜单母版来看看母版在实际项目中是如何使用的，如图6.28所示。

图6.28 百度门户

在页面区域的实例里，我们规划过百度门户的栏目结构（参见2.3节）。它有7个一级导航菜单，首页下面没有二级菜单，"百度介绍"下面有3个二级菜单：百度简介、百度文化、百度之路。这个二级菜单需要使用一个垂直菜单元件，并需要添加交互样式，当鼠标悬浮在上面的时候，变为选中状态，如图6.29所示。

因为首页和其他一级菜单的选中背景大小是不一样的，如图6.30所示，所以需要设计两个菜单选中背景，但是一般网站都会设计成一样大小的。

| 百度简介 |
| 百度文化 |
| 百度之路 |

首页　　百度介绍

图6.29　百度介绍二级菜单　　图6.30　菜单选中背景

6.3.1 导航菜单母版布局设计

1 在母版区域新建一个母版，命名为"导航菜单母版"。打开"导航菜单母版"，拖曳7个文本标签元件到工作区域，文本内容分别输入为"首页""百度介绍""新闻中心""产品中心""商业中心""招贤纳士"和"联系我们"。字体颜色为蓝色（0866AD），字号为16，字体加粗（注意：首页坐标位置（191,110），联系我们坐标的位置（787,110）），如图6.31所示。

图6.31　导航菜单内容

2 拖曳一个垂直线元件，高度设置为15，颜色设置成灰色（CCCCCC），再复制5个，作为菜单之间的间隔线，同时选中导航菜单和间隔线，让它们水平均匀分布，如图6.32所示。

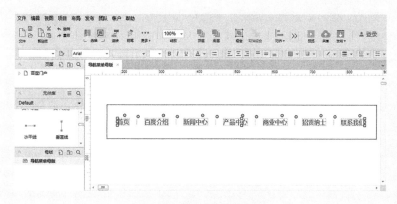

图6.32　菜单水平均匀分布

注　意

只要确定菜单的首和尾的位置，水平均匀分布的命令，其他的元件就会横向平均距离分布。Axure里不光有水平分布按钮，也有垂直分布，顶部对齐、上下居中、底部对齐按钮。

3 需要制作两个选中菜单背景。拖曳两个矩形1元件，一个元件宽度为49，高度为25，另一个元件宽度为90，高度为25，边框都设置为无，填充颜色为蓝色（0066FF），不透明度设置为20，如图6.33所示。

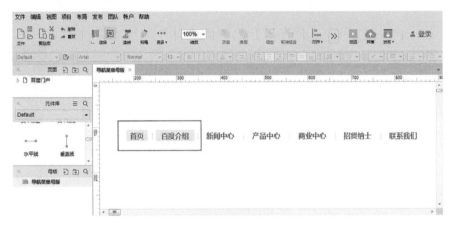

图6.33　菜单背景

4 设计"百度介绍"的二级菜单，拖曳一个垂直菜单元件，菜单选项设置为"百度简介""百度文化"和"百度之路"，标签命名为"百度介绍二级菜单"，如图6.34所示。

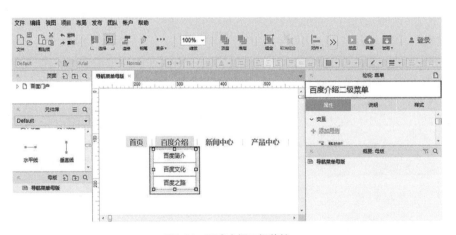

图6.34　百度介绍二级菜单

5 设计"产品中心"的二级菜单。拖曳一个垂直菜单元件，菜单选项设置为"产品概览""产品大全""用户帮助"和"投诉中心"，标签命名为"产品中心二级菜单"，如图6.35所示。

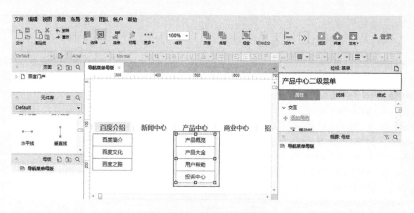

图6.35　产品中心二级菜单

6　设计"商业中心"的二级菜单。拖曳一个垂直菜单元件，菜单选项设置为"商业概览""百度推广""营销中心""互动营销"和"联盟合作"，标签命名为"商业中心二级菜单"，如图6.36所示。

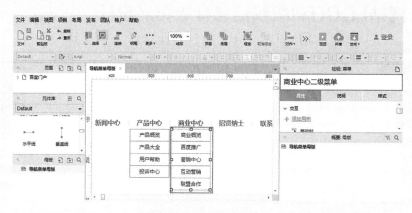

图6.36　商业中心二级菜单

7　设计"招贤纳士"的二级菜单。拖曳一个垂直菜单元件，菜单选项设置为"人才理念""社会招聘""校园招聘"和"百度校园"，标签命名为"招贤纳士二级菜单"，如图6.37所示。

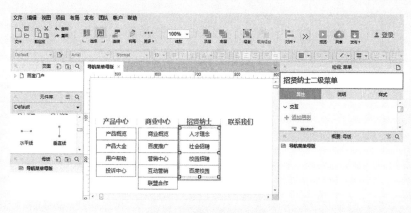

图6.37　招贤纳士二级菜单

8 设计"联系我们"的二级菜单。拖曳一个垂直菜单元件，菜单选项设置为"联系方式"和"参观百度"，标签命名为"联系我们二级菜单"，如图6.38所示。

图6.38 联系我们二级菜单

6.3.2 网站LOGO和版权信息母版布局设计

每个页面都会用到百度门户网站的LOGO、站内搜索框及页尾信息，可以将它们设计成母版。

1 制作网站LOGO的母版。拖曳一个图片元件，用LOGO图片替换图片元件，坐标位置（203,44），如图6.39所示。

视频课程

网站LOGO、版权信息母版设计及页面布局详解

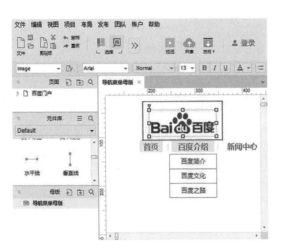

图6.39 网站LOGO

2 制作站内搜索框的母版。拖曳一个矩形元件到工作区域，坐标位置（915,105），宽度为144，高度为20；拖曳一个图片元件到工作区域，用放大镜图片替换图片元件；拖曳一个文本框（单行）元件到工作区域，坐标位置（1001,106），宽度为118，高度为18。标签命名为"搜索框"，拖曳一个HTML按钮元件，文本内容输入为"百度一下"，如图6.40所示。

图6.40　站内搜索框

接下来需要设计页尾信息母版。因为一个母版只能设置一种拖放行为，像导航菜单母版，它应设置为锁定到母版中位置的拖放行为，而页尾信息母版，它应设置为任何位置的拖放行为，因为页面的内容不确定，所以页尾信息高度也是不确定的，它可以放置在任何位置。

3 在母版区域新建一个"页尾信息母版"并打开。拖曳一个图片元件到尾部信息母版工作区域，用网站尾部信息图片替换图片元件，尾部信息坐标位置（0,1000），如图6.41所示。

图6.41　页尾信息母版

4 将"导航菜单母版"引用到页面上。在"导航菜单母版"上单击鼠标右键，选择"新增页面"选项，在弹出的对话框中单击"全选"按钮将所有页面选中，再单击"确定"按钮即可如图6.42所示。

图6.42　导航菜单母版引用到页面

5 将"页尾信息"母版也引用到页面上。在"页尾信息母版"上单击鼠标右键,选择"新增页面"选项,在弹出的对话框中单击"全选"按钮,选中所有页面,再单击"确定"按钮即可,如图6.43所示。

图6.43　页尾信息母版引用到页面

130

6.3.3　网导航菜单母版交互设计

1 首先给"百度介绍"的二级菜单添加选中效果。当鼠标悬浮在某个菜单上面的时候,这个菜单项就会变为选中状态。先选中一个菜单项,单击鼠标右键打开"设置交互样式"对话框,勾选"填充颜色",设置填充为灰色(CCCCCC),选择应用到该菜单及所有子菜单,如图6.44所示。

视频课程

导航菜单母版
交互设计详解

图6.44　百度介绍二级菜单交互

2 用同样的方式,给其他二级菜单添加同样的效果,按F5键发布,可以看到鼠标悬浮到二级菜单上面,就会变为选中状态,如图6.45所示。

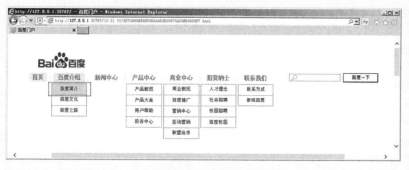

图6.45 发布原型

3 单击一级菜单，比如首页会进入"首页"页面。添加鼠标单击时触发事件，在当前窗口打开相应的页面，如图6.46所示。

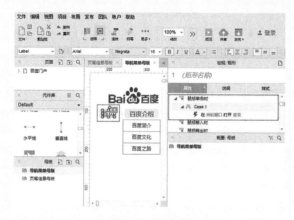

图6.46 打开页面

4 当鼠标移到一级菜单的时候，当前菜单的二级菜单将会向下滑动显示出来，而其余的二级菜单将会隐藏起来。先把所有的二级菜单、首页选中背景、菜单选中背景隐藏起来，选中百度介绍的一级菜单，添加鼠标移入时触发事件，向下滑动显示相应的二级菜单，向上滑动隐藏其他的二级菜单。没有二级菜单的一级菜单也要添加这个触发事件，向上滑动隐藏所有的二级菜单，如图6.47所示。

图6.47 显示隐藏二级菜单

6.3.4 导航菜单选中背景交互设计

单击一级导航菜单的时候，该菜单会出现选中背景，呈现为选中状态。下面给导航菜单添加选中背景交互设计。

1 进入"首页"页面，给它添加页面载入时触发事件。当页面载入的时候，显示首页选中背景，如图6.48所示。

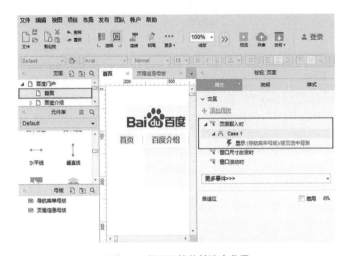

图6.48　首页导航菜单选中背景

2 进入"百度介绍"页面，给它添加页面载入时触发事件，当页面载入的时候，显示菜单选中背景，如图6.49所示。

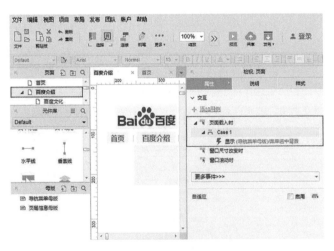

图6.49　百度介绍导航菜单选中背景

3 进入"新闻中心"页面，给它添加页面载入时触发事件。当页面载入的时候，显示菜单选中背景，并且移动菜单选中背景到绝对位置（355,106），如图6.50所示。

图6.50　新闻中心导航菜单选中背景

4 进入"产品中心""商业中心""招贤纳士"和"联系我们"4个页面，也同样添加页面载入时触发事件。当页面载入的时候，显示菜单选中背景，分别移动菜单选中背景到绝对位置（460,106）、（565,106）、（669,106）、（774,106）。按F5键发布，就可以看到单击一级导航菜单，进入该页面，该菜单就会变为选中状态，如图6.51所示。

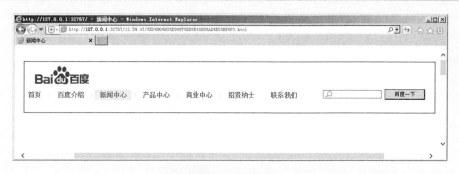

图6.51　发布原型

当鼠标移到某个菜单的时候，就会相应地向下滑动显示二级菜单，当鼠标悬浮在二级菜单选项上面的时候，就变为选中状态。移到别的菜单上时，其他的二级菜单就会向上滑动隐藏起来。

当页面载入的时候，就会将当前页面的菜单选中，显示出背景菜单。单击菜单后就会跳转到相应的页面。

 **6.4 小结**

本章主要学习Axure母版的使用，应当做到以下几点。

（1）学会Axure母版的基本操作，如新增母版、删除母版、将母版引用到页面、从页面上删除母版等操作。

（2）学会制作母版的两种方式：一种是通过母版区域新建母版，另一种是通过元件转换为母版。

（3）学会母版的3种拖放行为：任何位置、锁定到母版中的位置、从母版脱离。根据不同的场合使用不同的拖放行为。

练习

百度门户页面还缺少内容，在百度门户图片文件夹里已提供内容图片，完成页面的内容布局设计。

第二篇 Axure高级交互效果

第7章　用Axure链接行为制作交互效果

Axure之所以受到交互设计师、产品经理的青睐，是因为使用它可以制作出各种高级交互效果，最大程度上还原了真实软件的操作。其中就可以使用Axure链接行为制作各种交互效果，如打开链接和关闭窗口行为、在内部框架中打开链接行为、滚动到元件行为等，如图7.1、图7.2所示。

图7.1　用链接行为可实现打开连接等交互效果

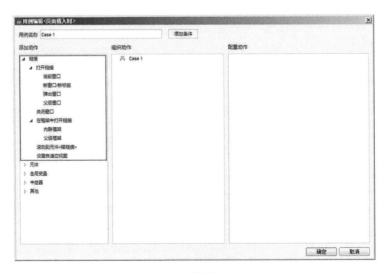

图7.2　链接行为

7.1 打开链接和关闭窗口

7.1.1 当前窗口打开链接

◆ **实战演练**

1 将Index页面重新命名为"当前窗口"，拖曳一个提交按钮元件，命名为"当前窗口打开链接"；拖曳一个矩形1元件，作为本页面的内容，文本内容输入为"当前页面内容"，如图7.3所示。

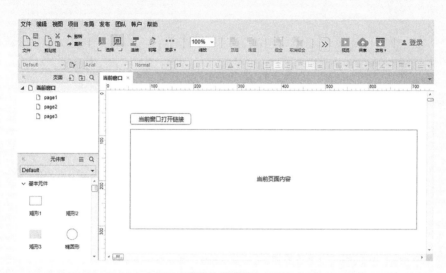

图7.3 当前窗口

2 将Page1页面重新命名为"结果页面"，拖曳一个矩形1元件，作为结果页面的内容，文本内容输入为"我是结果页面内容"，如图7.4所示。

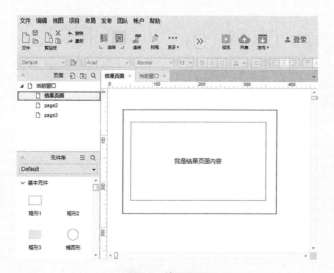

图7.4 结果页面

3 回到"当前窗口"页面，给按钮元件添加鼠标单击时触发事件。在"添加动作"下面单击"当前窗口"动作；在"配置动作"下面可以看到有4个单选按钮，第一个单选按钮可以链接到当前设计的一个页面，单击选中"结果页面"就可以，在"组织动作"中可以看到用例，如图7.5所示。

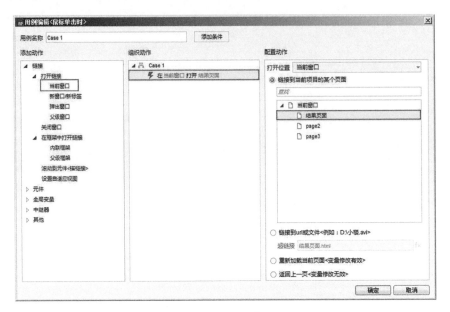

图7.5　当前窗口打开结果页面

4 "配置动作"中的第二个单选按钮，可以链接到外部URL。假如想打开京东商城的页面，即可在这里输入京东商城的网址http：//www.jd.com，也可以输入本地文件的路径，打开的本地文件，如图7.6所示。

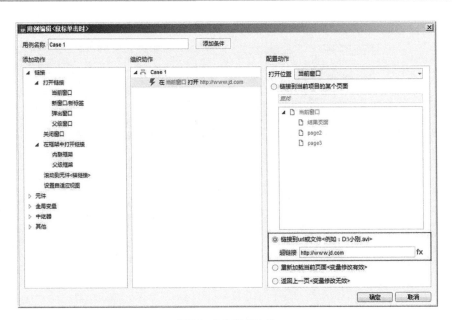

图7.6　打开外部文件

以预览的方式发布的原型，看不到链接的内容，只有通过生成本地文件方式来发布原型，才能链接到想要链接的内容。

5 "配置动作"中的第三个单选按钮就很好理解了，"重新加载当前页面"也就是刷新当前页面，第四个单选按钮就是返回到前一个页面，如图7.7所示。

图7.7　刷新或者返回页面

6 单击"确定"按钮，按F5键发布，看到浏览器的标题是当前窗口，页面内容有一个打开结果页面的按钮和一个矩形元件。单击这个按钮，可以看到在当前窗口打开页面，浏览器的标题和浏览器的内容都发生了变化，这就是在当前窗口打开链接，如图7.8所示。

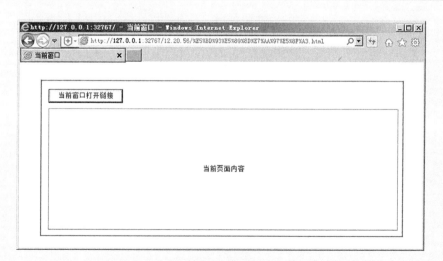

图7.8　发布原型

7.1.2 新窗口打开链接

◆ **实战演练**

1 进入"当前窗口"页面,拖曳一个提交按钮元件,将它命名为"在新窗口打开链接",如图7.9所示。

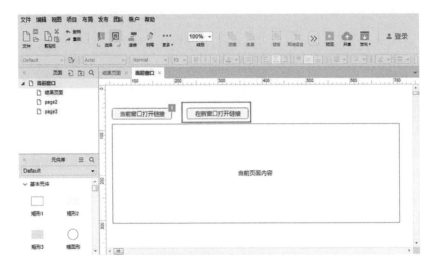

图7.9 "在新窗口打开链接"按钮

2 给这个按钮元件添加鼠标单击时触发事件,在"添加动作"下面单击"新窗口/新标签",会发现在配置动作下面只有两个单选按钮,一个是链接到当前项目的页面,另一个是外部的URL或者本地文件。选择第一个单选按钮,打开"结果页面",如图7.10所示。

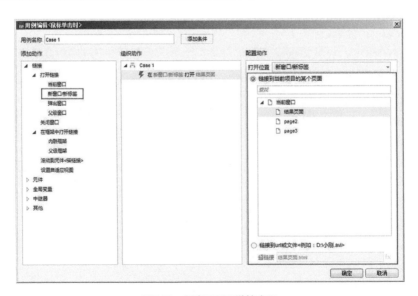

图7.10 新窗口打开链接交互

3 按F5键发布，可以看到出现了一个新窗口来显示结果页面内容，如图7.11所示。

图7.11　新窗口打开页面

7.1.3 弹出窗口打开链接

在弹出窗口也可以打开链接，来看看它是如何使用的。

◆　**实战演练**

1 回到"当前窗口"页面，拖曳一个提交按钮元件，将它命名为"弹出窗口打开链接"，如图7.12所示。

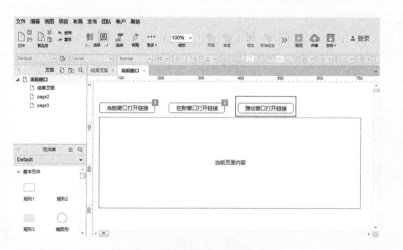

图7.12　"弹出窗口打开链接"按钮

2 给按钮添加鼠标单击时触发事件。在"添加动作"下面，单击"弹出窗口"动作；在"配置动作"下面，可以看到除了有两个单选按钮选项，还多出了一个弹出属性，可以对弹出窗口进行设置。将其设置为工具栏、滚动栏等，也可以调整大小，在下面可以设置弹出窗口位置大小，如图7.13所示。

图7.13　弹出窗口交互

3 在弹出属性里，默认勾选显示在"屏幕中央"。发布看一下效果，单击"弹出窗口打开链接"按钮，弹出一个新的窗口来显示结果页面，可以看到不能调整弹出窗口的大小，固定在屏幕中央显示，这些都是在"弹出属性"里的设置所产生的效果，如图7.14所示。

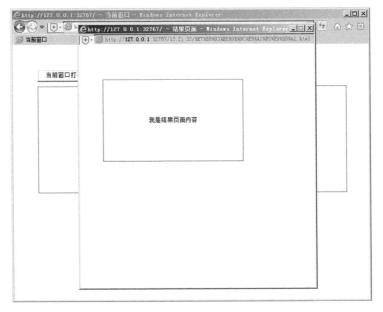

图7.14　发布原型

可以根据需要，在"弹出属性"里加以设置，以获得不同的弹出窗口的效果。

7.1.4 父窗口打开链接

除了在当前窗口、新窗口、弹出窗口打开链接外，还可以在父窗口打开要显示的页面。

◆ **实战演练**

1 把Page2页面重新命名为"父窗口显示页面",拖曳一个矩形1元件,文本内容输入为"父窗口显示这个页面",如图7.15所示。

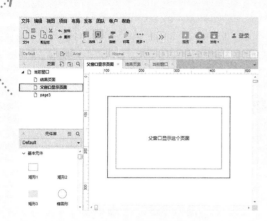

图7.15 父窗口显示页面　　　　　　图7.16 父窗口打开链接按钮

2 进入"结果页面",拖曳一个提交按钮元件,文本内容输入为"父窗口打开链接",如图7.16所示。

3 给这个按钮添加鼠标单击时触发事件,在"添加动作"下面单击"父窗口",在"配置动作"下面单击"父窗口显示页面",如图7.17所示。

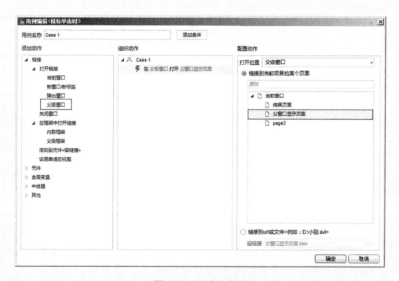

图7.17 父窗口交互

4 按F5键发布看一下效果。先单击"新窗口打开链接",当单击"父窗口打开链接",它的页面内容在这个页面的父页面里显示出来,如图7.18所示。

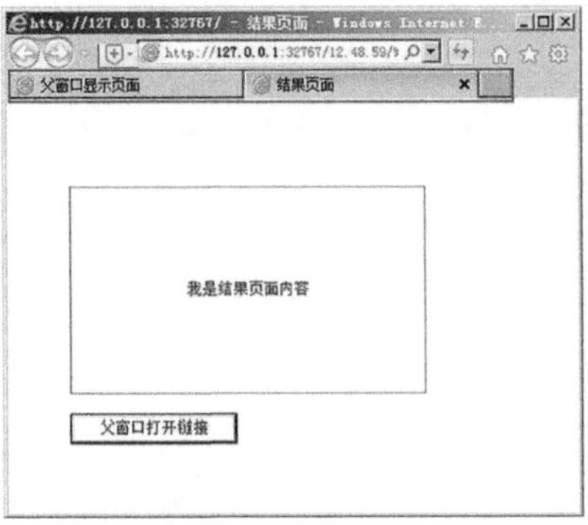

图7.18 发布原型

关闭窗口

关闭窗口用来关闭浏览器窗口页面。

◆ **实战演练**

1 在"当前窗口"页面，拖曳一个提交按钮元件，命名为"关闭窗口"，如图7.19所示。

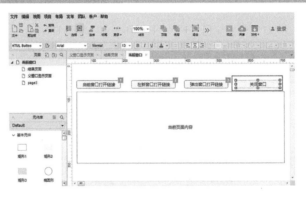

图7.19 关闭窗口按钮

2 给这个按钮添加鼠标单击时触发事件。在"添加动作"下面单击"关闭窗口"，在"配置动作"下面可以看到没有任何选项，单击这个按钮就可以将这个页面关闭，如图7.20所示。

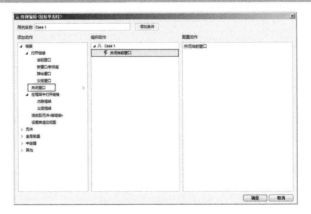

图7.20 关闭窗口交互

发布预览效果，当单击关闭窗口按钮时，会弹出提示是否关闭窗口，单击"是"，就可以关闭窗口。

7.2 在内部框架中打开链接

Axure的内部框架，可以使同一个浏览器窗口显示多个页面，并在这个窗口里实现不同页面的切换效果。就像在HTML网页代码中有iframe标签，iframe元素会创建包含另外一个文档的内联框架，实现不同条件下嵌入不同文档的效果。

Axure的内部框架和iframe元素功能差不多，可实现不同条件下嵌入不同的文档效果。

内部框架元件到底是一个什么样的元件，该怎么使用内部框架元件呢？下面一起来了解。

视频课程

在内部框架中打开
链接行为详解

7.2.1 内部框架

◆ **实战演练**

1 把Page3页面重新命名为"内部框架"，拖曳一个内部框架元件，标签命名为"内部框架显示区"；再拖曳两个提交按钮元件，分别命名为"结果页面"和"父窗口显示页面"，如图7.21所示。

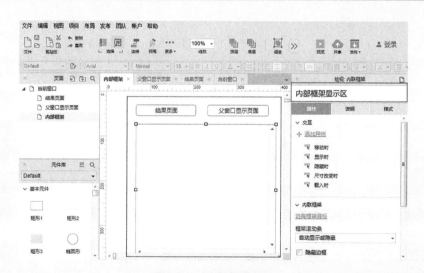

图7.21 内部框架显示区

2 选中"结果页面"按钮，添加鼠标单击时触发事件。在"添加动作"下面单击"内部框架"，在"配置动作"下面勾选"内部框架显示区"复选框，让它在内部框架中打开"结果页面"，如图7.22所示。

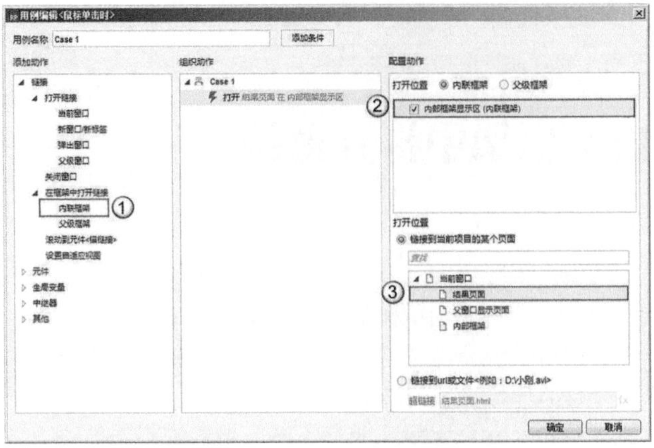

图7.22 内部框架中打开结果页面

3 选中"父窗口显示页面"按钮，添加鼠标单击时触发事件。在"添加动作"下面单击"父框架"，在"配置动作"下面勾选"内部框架显示区"复选框，让它在内部框架中打开"父窗口显示页面"页面，如图7.23所示。

图7.23 父框架中打开页面

4 按F5键发布看一下效果。单击"结果页面"按钮，可以看到结果页面在内部框架中显示出来，单击"父窗口显示页面"按钮，内部框架的显示内容发生变化，显示出父窗口显示页面内容，如图7.24所示。

可以看出，内部框架就是一个架子。内部框架有多大，它的页面显示区域就有多大，设置不同的条件，在这个框架里显示不同的页面内容。实现不同条件下页面的切换效果，就像使用动态面板元件一样，同样实现的页面的切换效果。

图7.24 发布原型

5 页面刚加载进来，内部框架里没有显示内容，不可能给用户展示一个空白页面，应该设置默认显示结果页面按钮对应的内容。在内部框架上双击，弹出内部框架"链接属性"对话框，选中"结果页面"，可以作为内部框架的默认显示页面，如图7.25所示。

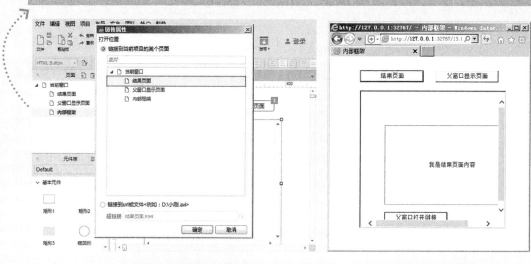

图7.25　设置默认显示页面　　　　　　　　图7.26　发布原型

6 再发布看一下效果。可以看到它默认显示的是"结果页面"的内容。单击按钮同样可以实现切换效果，如图7.26所示。

从上面可以看到内部框架会出现滚动条，而单击父窗口显示页面，内部框架又没有滚动条。结果页面内容的高度要高于内部框架的高度，内部框架不能完全地显示出结果页面的内容，就会出现滚动条，而父窗口显示页面内容，内部框架可以完全地展示出来，不会出现滚动条。

那滚动条是怎么设置的呢？可不可以不显示滚动条呢？

7 在内部框架上单击鼠标右键，可以看到有滚动栏选项。在这个选项里包含3个子选项：按需显示横向或纵向滚动条、总是显示滚动条、从不显示横向或纵向滚动条。它默认勾选的是"按需显示横向或纵向滚动条"，如果不想显示滚动条，选择第3个选项，如图7.27所示。

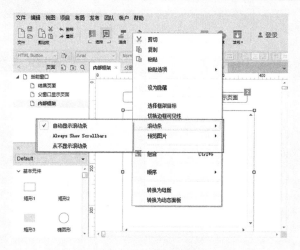

图7.27　滚动栏设置

内部框架的边框很不美观，会影响用户体验的效果。在内部框架上单击鼠标右键，有"显示/隐藏"边框选项，勾选这个选项，就可以将边框隐藏起来。

再来看看Axure内部框架的作用。

其实内部框架的功能就是引用，什么是引用？就是在一框里面显示其他页面上的内容。那么什么时候会用到内部框架呢？

刚才引入的是页面区域的页面，它还可以引入什么呢？

- 引入视频。在Axure里是没有媒体控件的，要在原型里播放本地或者网页上的视频文件就要用到内部框架，在链接属性填写视频文件的绝对路径地址，就可以将视频引入到内部框架里。
- 引入本地文件。同样的道理，在超链接里填写要引用的本地文件的地址（包括文件名和后缀名），这个文件就会在内部框架内打开了，它可以引入pdf文件和图片、音乐文件。
- 引用网页。在超链接里输入网址就可以了，需要注意的地方：一是超链接地址要加上http://，二是要设置好内部框架的大小，默认是显示网页的左上角。

7.2.2 父框架

◆ **实战演练**

1 在"结果页面"里添加一个提交按钮元件，将它命名为"父框架打开链接"，再新增一个页面，重新命名为"父框架显示页面"，拖曳一个矩形1元件，给它填充一个背景色绿色（008000），如图7.28、图7.29所示。

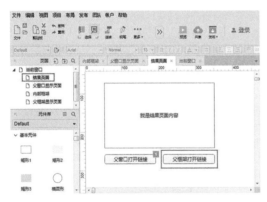

图7.28　父框架打开链接按钮

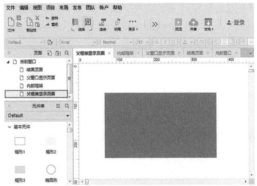

图7.29　父框架显示页面

2 回到"结果页面"里，选中"父框架打开链接"按钮，添加鼠标单击时触发事件。单击"内部框架"，可以看到当前页面没有可用的内部框架，选择"父框架"，可以看到有可用的内部框架，选择"父框架显示页面"，让它打开父框架显示页面，如图7.30所示。

3 发布看一下效果，单击"父框架打开链接"，可以看到父框架显示页面打开，如图7.31所示。

图7.30 父框架打开页面　　　　图7.31 发布原型

可以根据个人习惯选择使用内部框架，能够用动态面板完成的功能建议不要使用内部框架，因为内部框架与动态面板相比，不是很灵活，效率也不高。并且使用内部框架完成交互，设置起来更复杂，实际上动态面板除不能引用视频、本地文件、网页外，其他功能都具备。

 # 7.3 滚动到元件（锚点链接）

我们经常会看到有的页面上会悬浮一块区域，单击悬浮区域里的链接，页面会滚动到链接指定位置，如页首或者页尾。Axure同样也能实现这样的效果。

视频课程

滚动到元件（锚点链接）行为详解

◆ 实战演练

1 在页面区域上新建一个页面"滚动到元件行为"，拖曳两个矩形1元件，宽度设置为700，高度设置为100，文本内容分别命名为"我是顶部"和"我是尾部"，标签命名为"top"和"bottom"，如图7.32所示。

图7.32 滚动到元件行为页面

2 拖曳两个矩形元件，将一个矩形1元件调整形状为向上三角形，制作成向上的箭头。运用同样的方式，制作一个向下的箭头，如图7.33所示。

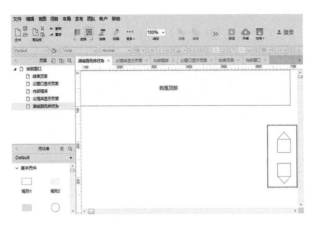

图7.33 向上/向下箭头

3 拖曳一个图像热区元件，放置在向上的箭头上面，给它添加鼠标单击时触发事件。在"添加动作"下面单击"滚动到元件<锚链接>"行为，勾选"top"复选框，让它纵向滚动，如图7.34所示。

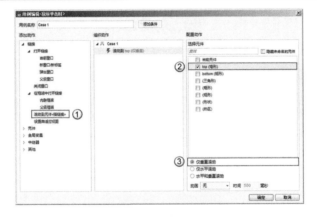

图7.34 滚动到顶部

4 拖曳一个图像热区元件，放置在向下的箭头上面，给它添加鼠标单击时触发事件。在"添加动作"下面单击"滚动到元件<锚链接>"行为，勾选"bottom"复选框，让它纵向滚动，如图7.35所示。

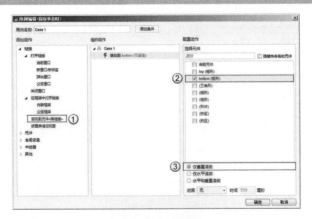

图7.35 滚动到底部

5 同时选中向上箭头和向下箭头，单击鼠标右键转换为动态面板元件，动态面板的名称为"快速定位"，状态重新命名为"定位"，如图7.36所示。

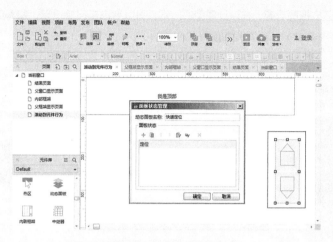

图7.36 转换为动态面板

6 转换为动态面板后，在动态面板上单击鼠标右键，选择"固定到浏览器"命令，横向固定设置为"右侧矩形"，垂直固定设置为"居中"，浏览器窗口滚动的时候，这个动态面板固定到浏览器上，如图7.37所示。

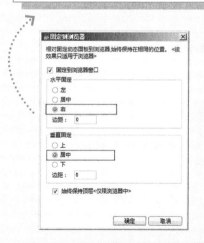

图7.37 设置动态面板在浏览器中的位置

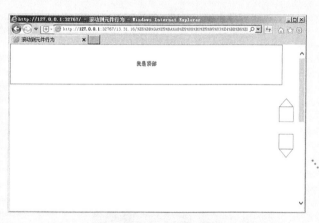

图7.38 滚动到首部尾部

7 按F5键发布制作的原型。按向上箭头按钮可以滚动到页首，按向下箭头按钮会滚动到页尾，如图7.38所示。

 # 7.4 设置自适应视图

现在进行原型设计的时候，要考虑多终端问题，如台式机（PC）、平板电脑、手机等不同设备。它们拥有不同的尺寸，侧重点也有所不一样。

视频课程

设置自适应视图

PC：可以全面考虑所有内容，然后逐渐地为更小的屏幕设计。

手机：为更小的屏幕设计。能够确保为智能手机用户设计关键功能和内容，以及更小屏幕和一些不可预知的网络连接。

Axure提供自适应视图功能。在设计原型的时候，可以考虑多尺寸设置，如淘宝网在不同分辨率下它们显示的内容是不一样的，如图7.39和图7.40所示。

图7.39　1200分辨率

图7.40　1024分辨率

下面利用Axure RP8原型工具来设计淘宝网这两种分辨率下的原型。

◆ **实战演练**

1 在菜单栏的项目菜单下，单击"自适应视图"选项，弹出"自适应视图"对话框，默认的是基本视图。在"预设"下拉菜单选项里，可以设置不同分辨率的视图，如图7.41所示。

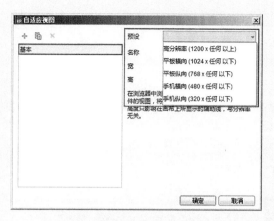

图7.41 自适应视图

2 设置两种自适应视图。选择"高分辨率"选项，再单击绿色加号，选择"平板横向"选项，这样就设置了1024和1200两种尺寸的分辨率，并且平板横向是继承于高分辨率的，如图7.42所示。

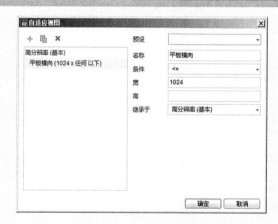

图7.42 两种尺寸视图

3 在页面区域新建一个页面"自适应视图"，检视区域勾选"启用"自适应视图，会在工作区域上面显示设置的两种视图，高分辨率视图和1024分辨率视图。如果不启用视图，这个功能是隐藏的，如图7.43所示。

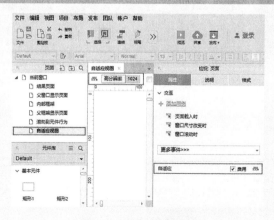

图7.43 启用自适应视图

4 设置1200高分辨率显示内容，拖曳3个图片元件，用"状态栏""导航""1200内容"图片替换图片元件，如图7.44所示。

图7.44　高分辨率内容显示

5 设置1024分辨率显示内容。单击1024页签，进入1024分辨率视图页面，将状态栏的宽度调整为1024，将"1200内容"隐藏起来。拖曳一个图片元件，用"1024内容"替换图片元件，如图7.45所示。

图7.45　1024内容显示

6 添加页面载入时触发事件。添加设置自适应视图动作，有三种视图可以选择：一种是自动，根据浏览器窗口尺寸自动决定显示哪个视图内容；还有两种就是高分辨率和平板横向视图，可以指定这两种视图，一旦指定视图，不管浏览器窗口怎么变化，它只会显示当前设置的视图内容。在这里选择自动，让它自动来显示视图内容，如图7.46所示。

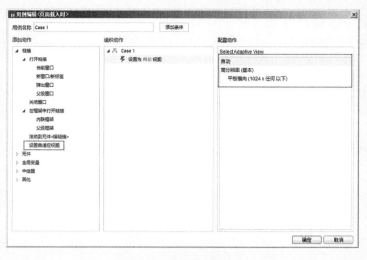

图7.46　设置自适应视图

设置完自适应视图后，发布原型，调整浏览器窗口大小，可以看到根据浏览器窗口尺寸来显示高分辨率内容或者1024分辨率内容，这样就实现了自适应视图效果。

 # 7.5 小结

153

本章主要学习Axure的链接行为，使用链接行为制作交互效果，应当做到以下几点。

（1）学会Axure的打开链接和关闭窗口行为，包括当前窗口、新窗口、弹出窗口、父窗口、关闭窗口链接行为。

（2）学会在内部框架中打开链接行为，学会什么是内部框架元件，以及内部框架和父框架的使用。

（3）学会滚动到元件行为，这是一个很多网站经常会用到的功能。

（4）理解自适应视图功能。Axure提供多视图设计，可以适应PC、平板电脑、手机等不同尺寸的终端。

第8章　用Axure元件行为制作交互效果

Axure除了可以使用链接行为制作交互效果，也可以使用Axure元件行为来完成。Axure部件行为包括元件的显示/隐藏、设置文本和设置图像、设置选择/选中、设置指定列表项、启用/禁用、移动、置于顶层/置于底层、获得焦点、展开/折叠树节点等。通过元件行为也可以制作出高级交互效果，如图8.1所示。

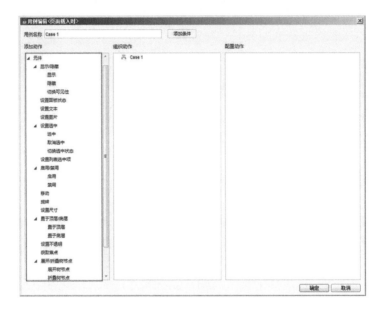

图8.1　Axure元件行为

8.1 显示/隐藏

Axure元件的显示/隐藏行为常用于制作二级菜单的显示与隐藏交互效果，下面一起来学习。

视频课程

显示/隐藏
行为详解

8.1.1 切换方式控制元件显示隐藏

◆ 实战演练

> **1** 拖曳一个矩形1元件，将它宽度设置为100，高度设置为30，文本内容重新命名为"导航一"，拖曳一个垂直菜单元件，作为导航一的二级菜单，将它的标签命名为"导航一的二级菜单"，如图8.2所示。

图8.2　一级菜单和二级菜单

2 将导航一的二级菜单先隐藏起来，当单击导航一的时候，显示出二级菜单。选中导航一，给它添加鼠标单击时触发事件，在"添加动作"下面单击"切换可见性"，在"配置动作"下面勾选"导航一的二级菜单"复选框，给它添加一个动画效果"向下滑动"，如图8.3所示。

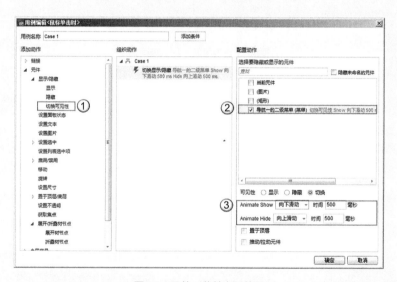

图8.3　导航一菜单交互效果

提　示

Axure元件还提供了显示和隐藏的切换行为，称为切换可见性。

3 按F5键发布看一下效果。单击导航一时，它的二级菜单向下滑动；退出的时候，二级菜单向上滑动，实现了二级菜单显示与隐藏效果，如图8.4所示。

图8.4　发布原型

8.1.2 变量方式控制元件显示隐藏

通过使用切换方式控制元件显示与隐藏外，还可以通过变量方式控制。

◆ **实战演练**

1 先复制一下"导航一"和"导航一的二级菜单"两个元件，将"导航一"改为"导航二"，将它的二级菜单标签命名改为"导航二的二级菜单"，如图8.5所示。

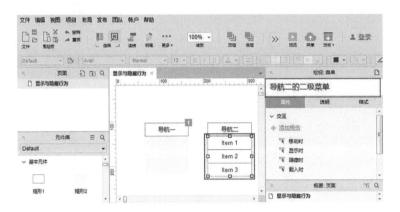

图8.5　复制导航一和二级菜单

2 添加一个全局变量（见5.1节），变量命名为"flag"，默认值为0。选中导航二菜单，修改一下它的鼠标单击时触发事件。单击"添加条件"，设置变量值flag等于0，让它显示二级菜单，如图8.6所示。

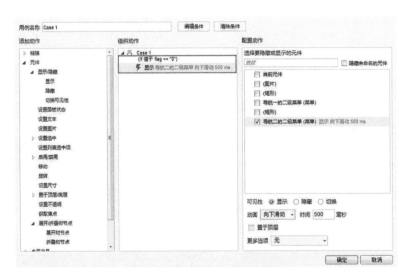

图8.6　显示导航二的二级菜单

3 接着设置变量值，将flag变量设置为1，如图8.7所示。

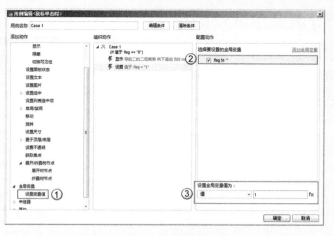

图8.7　修改变量值

4 再次添加鼠标单击时触发事件。单击新增条件，设置变量值flag=1来隐藏二级菜单。在"添加动作"下面单击"隐藏"这个动作，在"配置动作"下面，勾选"导航二的二级菜单"，设置一下它的动画效果，隐藏的时候让它向上滑动，接着将变量flag值设置为0，如图8.8所示。

图8.8　隐藏导航二的二级菜单

5 按F5键发布看一下效果。单击导航二菜单，二级菜单向下滑动显示出来，再单击一下，二级菜单向上滑动隐藏，得到了想要的效果，如图8.9所示。

图8.9　发布原型

8.1.3 多个导航菜单联动效果

当单击导航一菜单的时候，导航一和导航二的二级菜单都显示出来，如图8.10所示。但是在实际使用的时候，每次只需显示出一个二级菜单，这该怎么办呢？怎么才能实现两个甚至多个导航菜单的联动效果呢？

◆ **实战演练**

图8.10　二级菜单都显示出来

> **1** 复制导航一和它的二级菜单，分别命名为"导航三"和"导航三的二级菜单"，如图8.11所示。

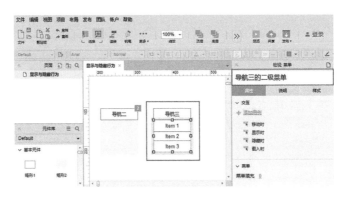

图8.11　导航三及其二级菜单

> **2** 再复制导航一和它的二级菜单，分别命名为"导航四"和"导航四的二级菜单"，如图8.12所示。

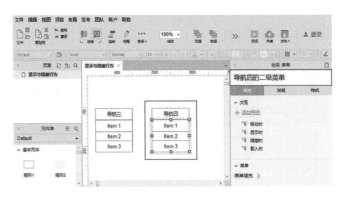

图8.12　导航四及其二级菜单

> **3** 通过"导航三"菜单和"导航四"菜单实现联动效果。选中"导航三"菜单，给它添加鼠标单击时触发事件，单击"显示"这个动作，显示"导航三的二级菜单"，让它向下滑动。单击"隐藏"这个动作，将"导航四的二级菜单"隐藏起来，让它向上滑动，如图8.13所示。

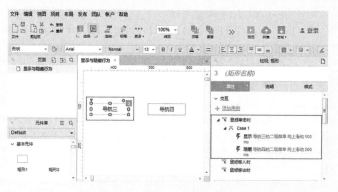

图8.13　导航三菜单交互效果

4 选中"导航四"菜单，给它添加添加鼠标单击时触发事件。单击"显示"这个动作，让它显示"导航四的二级菜单"，让它向下滑动，单击"隐藏"这个动作，这次将"导航三的二级菜单"隐藏起来，如图8.14所示。

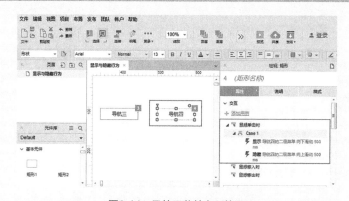

图8.14　导航四菜单交互效果

发布看一下效果。单击导航三，导航三的二级菜单向下滑动显示出来，单击导航四菜单，导航三的二级菜单向上滑动隐藏起来，同时导航四的二级菜单向下滑动显示出来，实现了这两个菜单的联动效果。

8.2 设置文本和设置图像

设置文本行为一般可以应用于标签元件、标题元件、矩形元件等，有文本内容的都可以设置文本行为；设置图像行为是针对图片元件的。下面看一下设置文本和设置图像行为。

视频课程

设置文本和设置图像

8.2.1 设置文本行为

◆ 实战演练

 拖曳一个矩形1元件，调整一下它的大小，将它的标签命名为"content"。拖曳两个提交按钮元件，文本内容分别输入为"设置文本一"和"设置文本二"，如图8.15所示。

图8.15　设置文本行为

2 选中"设置文本一"按钮元件，给它添加鼠标单击时触发事件。单击"设置文本"这个动作，勾选"content"复选框，该部件有多种赋值方式：直接设置值的方式、通过变量值设置和元件文字方式设置等。此处使用直接设置的方式赋值，赋值为"中国我爱你"，如图8.16所示。

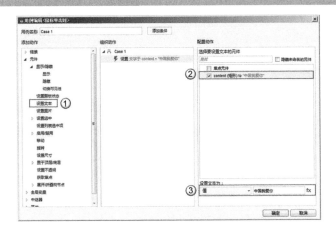

图8.16　赋值

3 用同样的方式给"设置文本二"按钮元件赋值。单击鼠标单击时触发事件，在"添加动作"下面单击"设置文本"，在"配置动作"下面勾选"content"复选框，赋值为"北京我爱你"，如图8.17所示。

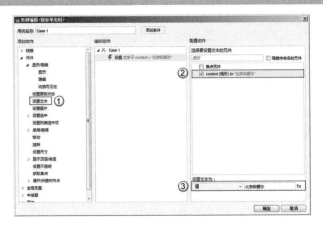

图8.17　赋值

　　发布原型看一下效果。单击"设置文本一"按钮，矩形框里显示"中国我爱你"，再单击"设置文本二"，矩形框里显示"北京我爱你"，实现了设置文本的效果。

8.2.2 设置图像行为

◆ 实战演练

> **1** 拖曳一个图片元件，用"face"图片来替换图片元件，将它的标签命名为"image"；拖曳一个矩形1元件，标签命名为"content"；拖曳一个提交按钮元件，文本内容输入为"设置图像"，如图8.18所示。

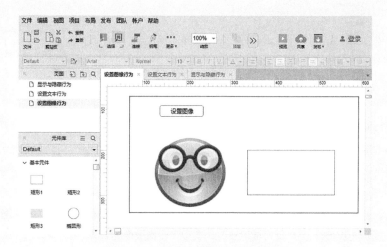

图8.18　图片、矩形元件、提交按钮元件

> **2** 选中"设置图像"按钮元件，给它添加鼠标单击时触发事件。在"添加动作"下面单击"设置图像"，在"配置动作"下面可以看到只能给图片元件设置图像，添加的矩形元件没有显示出来，进一步说明只能给图像元件设置图像行为，如图8.19所示。

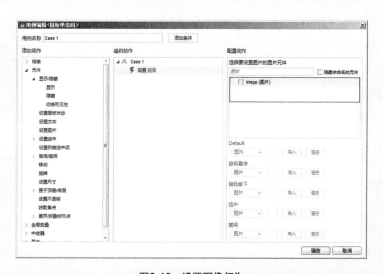

图8.19　设置图像行为

3 勾选"image"复选框，在下面可以设置默认（Default）图像（单击按钮后显示的默认图像）、鼠标悬停时图像（在图片上悬停）、鼠标按键按下时的图像、选中时的图像，以及禁用时的图像。单击"导入"按钮，导入图片，这里可以显示出图片，也可以清除导入的图片，如图8.20所示。

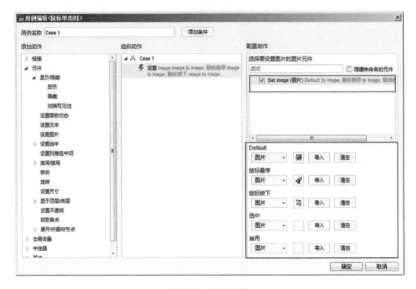

图8.20　设置图像

发布原型。当单击"设置图像"的时候，显示默认的图片；当鼠标悬停的时候，图片切换成另一张；当再次单击鼠标按键时，图片又换成另一张，实现了设置图像的效果。

设置图像的效果一般会用在选中某个东西的时候，可能显示出一个对号，禁用某个东西的时候，显示出一个差号。还有淘宝上的商品，它默认显示的是一个小的图片，当鼠标悬停在上面的时候显示一个大图片，离开的时候又恢复。

 # 8.3 设置选择/选中

> 设置选择/选中行为常用于设置单选按钮元件和复选框按钮元件的选中与未选中，以及选中和未选中状态的切换。下面一起来看看。

视频课程

设置选择/选中

8.3.1 单选按钮选中行为

◆ **实战演练**

1 拖曳一个单选按钮元件，文本内容输入为"我是单选按钮"，标签命名为"单选"，再拖曳一个HTML按钮元件，文本内容命名为"选中"，利用快捷键复制制作另外两个按钮，分别命名为"未选中"和"切换选中"，如图8.21所示。

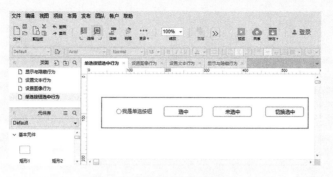

图8.21　单选按钮选中行为页面

2　单击"选中"按钮元件，添加鼠标单击时触发事件。单击它的时候，让单选按钮选中，在"添加动作"下面单击"选中"，在"配置动作"下面勾选"单选"这个复选框，可以看到选中的时候，值为true，如图8.22所示。

图8.22　选中行为

3　选中"未选中"按钮元件，添加鼠标单击时触发事件。在"添加动作"下面单击"取消选中"，在"配置动作"下面勾选"单选"这个复选框，当未选中的时候，它的值为false，如图8.23所示。

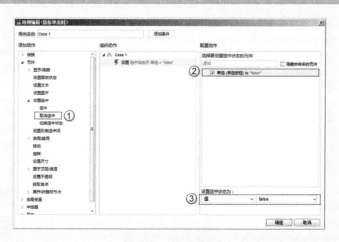

图8.23　未选中行为

4 选中"切换选中"按钮元件，添加鼠标单击时触发事件。在"添加动作"下面单击"切换选中状态"，在"配置动作"下面勾选"单选"这个复选框，它的值为toggle，如图8.24所示。

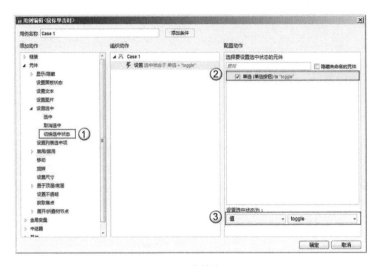

图8.24　切换选中行为

发布可以看一下效果。单击"选中"，单选按钮呈现选中状态；单击"未选中"，单选按钮呈现未选中状态；单击"切换选中"，可以看到它在选中和未选中状态之间切换。

8.3.2　复选框选中行为

◆ **实战演练**

1 拖曳一个复选框元件，文本内容输入为"我是复选框，标签命名为"复选"；拖曳一个HTML按钮元件，文本内容输入为"选中"，复制制作两个按钮元件，文本内容输入为"未选中"和"切换选中"，如图8.25所示。

图8.25　复选框选中行为页面

2 单击"选中"按钮元件，添加鼠标单击时触发事件。单击它的时候，让单选按钮选中，在"添加动作"下面单击"选中"，在"配置动作"下面勾选"复选"这个复选框，可以看到选中的时候，值为true，如图8.26所示。

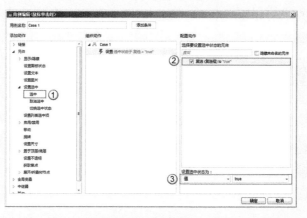

图8.26　选中行为

　选中"未选中"按钮元件，添加鼠标单击时触发事件。在"添加动作"下面单击"取消选中"，在"配置动作"下面勾选"复选"这个复选框，当未选中的时候，它的值为false，如图8.27所示。

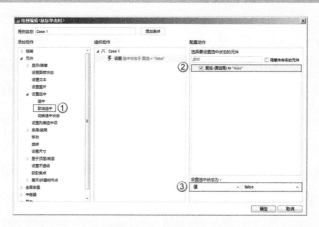

图8.27　未选中行为

　选中"切换选中"按钮元件，添加鼠标单击时触发事件。在"添加动作"下面单击"切换选中"，在"配置动作"下面勾选"复选"这个复选框，它的值为toggle，如图8.28所示。

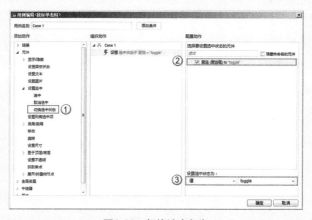

图8.28　切换选中行为

发布原型可以看下效果。单击"选中"，复选框呈现选中状态；单击"未选中"，复选框呈现未选中状态；单击"切换选中"，可以看到它在选中和未选中状态之间切换。

8.4 设置列表选中项

视频课程

设置列表选中项

> 设置指定列表项行为常用于下拉列表框和列表选择框元件中选定某个下拉选项。下面通过设置两个下拉框的联动效果来学习设置列表选中项行为。

8.4.1 一对一联动效果

下面制作两个下拉列表框，一个代表学生的姓名，另一个代表名次，实现它们的联动效果。

◆ **实战演练**

1 拖曳一个下拉列表框元件，标签命名为"name"，双击这个下拉列表框元件，单击"新增多个"，新增下拉选项，输入"小红""小虎""小明"，如图8.29所示。

图8.29 姓名下拉列表框

2 拖曳一个下拉列表框元件，标签命名为"rank"，同样双击这个下拉列表框元件，单击"新增多个"下拉选项，输入"第一名""第二名"和"第三名"，如图8.30所示。

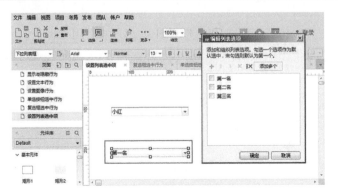

图8.30 排名下拉列表框

3 选中"name"下拉列表框,给它添加选项改变时触发事件。单击"添加条件",来设置条件,选择选中项值等于"小红",在"添加动作"下面单击"设置列表选中项"这个动作,勾选"rank"复选框,设置小红为第一名,如图8.31所示。

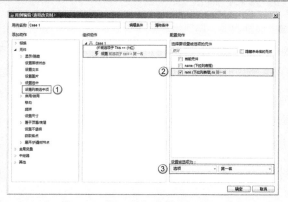

图8.31 设置小红第一名

4 再新增一个用例。单击"添加条件",这次让选中项值等于"小虎",在"添加动作"下面单击"设置列表选中项"这个动作,勾选"rank"复选框,设置小虎为第二名,如图8.32所示。

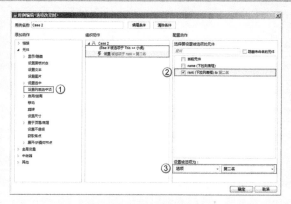

图8.32 设置小虎第二名

5 再新增一个用例。单击"添加条件",这次让选中项值等于"小明",在"添加动作"下面单击"设置列表选中项"这个动作,勾选"rank"复选框,设置小明为第三名,如图8.33所示。

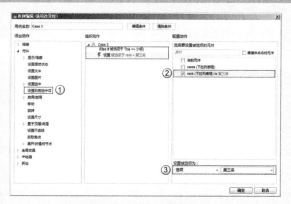

图8.33 设置小明第三名

发布看一下效果。选择"小虎"，看到他得了第二名，选择"小明"看到他得了第三名，选择"小红"，看到她得了第一名，实现了两个下拉列表框的联动效果。

8.4.2 一对多联动效果

虽然实现了两个菜单的联动效果，但是也会发现两个下拉列表框是一一对应的。在实际的使用过程中，可能还有一对多关系，如省市县三级联动，选择某个省份，第二个下拉列表选项里有多个市区，选择黑龙江省，与其联动的下拉列表框里应该有哈尔滨市、佳木斯市等。怎么才能实现这样的效果呢？

◆ **实战演练**

1 拖曳一个下拉列表框元件，标签命名为"省份"。双击这个下拉列表框元件，单击"新增多个"，输入"黑龙江省""山东省"和"河北省"，如图8.34所示。

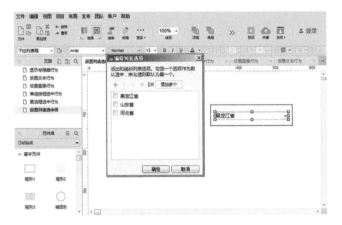

图8.34 省份下拉列表框

2 拖曳一个下拉列表框元件，标签命名为"市区"，需要将它转换为动态面板，用多个状态来代表各个省份的市区，在这个元件上单击鼠标右键选择"转换为动态面板"，输入动态面板的名称为"市区"，复制出3个状态"黑龙江市区""山东市区"和"河北市区"，如图8.35所示。

图8.35 市区动态面板

3 进入"黑龙江市区"状态，双击这个下拉列表框元件，单击"新增多个"，新增多个黑龙江市区，如图8.36所示。

图8.36 编辑黑龙江市区状态　　　　　图8.37 编辑山东市区状态

4 进入"山东市区"状态，双击这个下拉列表框元件，单击"新增多个"，新增多个山东市区，如图8.37所示。

5 进入"河北市区"状态，双击这个下拉列表框元件，单击"新增多个"，新增多个河北市区，如图8.38所示。

图8.38 编辑河北市区状态

6 编辑完状态内容之后，选中省份下拉列表框元件，给它添加选项改变时触发事件。单击"添加条件"，让选中项值等于"黑龙江省"，在"添加动作"下面单击"设置面板状态"，在"配置动作"下面勾选"Set市区"动态面板，选择"黑龙江市区"这个状态，如图8.39所示。

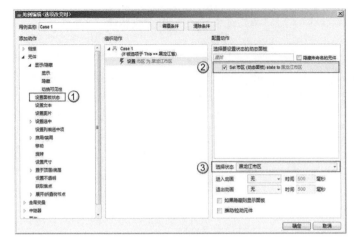

图8.39　黑龙江省对应市区

7 运用同样的方式，设置山东省对应市区、河北省对应市区，如图8.40所示。

图8.40　省市对应设置

　　发布看一下效果。选择"山东省"，可以看到山东省的一些市区；再选择"河北省"，可以看到河北省的一些市区；再选择"黑龙江省"，可以看到黑龙江省的一些市区，实现了下拉列表框一对多的联动效果。

 8.5 启用/禁用

　　在默认的情况下，拖曳到工作区域中的元件是启用的，但有的时候需要禁用一些元件，如复选框在某些情况下是灰色不能勾选的。可以对文本框、多行文本框、下拉列表框、复选框、单选按钮、提交按钮等元件设置启用或者禁用。

视频课程

启用与禁用

◆ **实战演练**

1 拖曳两个提交按钮，文本内容输入为"禁用"和"启用"，在分别拖曳一个复选框、单选按钮、文本框、多行文本框、下拉列表框、提交按钮，标签分别命名为"复选框""单选按钮""单行文本框""多行文本框""下拉列表框"和"按钮"，如图8.41所示。

图8.41 启用禁用元件

2 选中"禁用"按钮，添加鼠标单击时触发事件。弹出"用例编辑器"对话框，在"添加动作"下面单击"禁用"，在"配置动作"下面勾选"复选框""单选按钮""单行文本框""多行文本框""下拉列表框"和"按钮"复选框，将这些元件禁用，如图8.42所示。

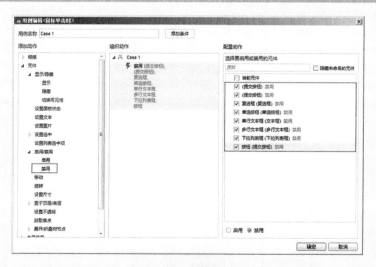

图8.42 禁用元件

3 选中"启用"按钮，添加鼠标单击时触发事件。弹出用例编辑器对话框，在"添加动作"下面单击"启用"，在"配置动作"下面勾选"复选框""单选按钮""单行文本框""多行文本框""下拉列表框"和"按钮"复选框，将这些元件启用，如图8.43所示。

图8.43 启用元件

按F5键发布制作的原型。当按"禁用"按钮时复选框和单选按钮不可用，当按"启用"按钮时复选框和单选按钮可以使用，从而实现了元件的启用与禁用。

8.6 移动/旋转和置于顶层/底层

移动行为可以设置元件移动的相对位置和绝对位置，以及动画效果和移动的时间。在制作导航菜单的时候，"移动"菜单可以控制选中的背景；"旋转"用于调整元件的角度，可以自行定义元件角度；而"置于顶层/底层"可以控制元件上下关系。

移动/旋转和置于
顶层/底层

◆ **实战演练**

1 拖曳3个标题2元件，文本内容为"导航一""导航二"和"导航三"。拖曳一个矩形元件，宽度设置为140，高度设置为50，颜色填充为绿色（00CC00），放置在"导航一"菜单下面，置于底层，标签命名为"菜单选中背景"，作为导航菜单背景，如图8.44所示。

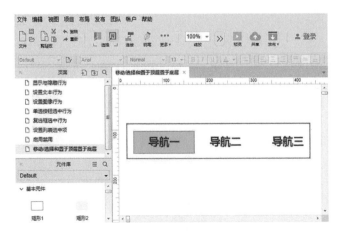

图8.44 导航菜单

2 选中"导航二"菜单，给它添加鼠标单击时触发事件。移动"菜单选中背景"到绝对位置（190,132），动画效果为"线性"，用时为"500"毫秒，如图8.45所示。

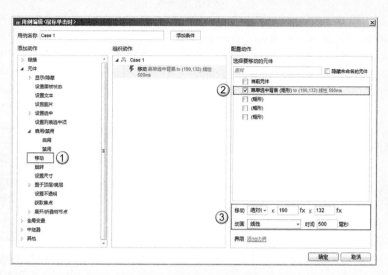

图8.45　移动菜单选中背景

3 选中"导航三"菜单，给它添加鼠标单击时触发事件。移动"菜单选中背景"到绝对位置（332,132），动画效果为"线性"，用时为"500"毫秒。单击"置于顶层"，将菜单选中"背景置于顶层"；单击"旋转"动作，旋转菜单选中背景45度，如图8.46所示。

图8.46　菜单选中背景置于顶层

4 按F5键发布制作的原型。单击导航二菜单，会发现菜单选中背景移动到导航二菜单下面；单击导航三菜单，会发现菜单选中背景移动到导航三菜单位置，由于给它设置置于顶层，它会覆盖住导航三菜单，如图8.47所示。

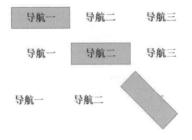

图8.47　发布原型

 8.7 获得焦点和展开/折叠树节点

视频课程

获得焦点和展开/折
叠树节点行为详解

> 获得焦点常用于文本框、多行文本框，展开/折叠树节点常用于折叠或者展开树形结构，如图8.48所示。

174

图8.48　获得焦点元件和树形元件

 8.8 小结

本章主要学习Axure的元件行为，使用元件行为制作交互效果，应当做到以下几点。

（1）学会Axure元件的显示与隐藏行为，通过切换方式控制元件的显示与隐藏交互效果；通过变量方式控制元件显示与隐藏效果；实现多个导航菜单联动效果。

（2）学会设置文本和设置图像行为，通过多种方式对文本进行赋值，在不同触发事件下显示不同图像。

（3）学会设置选择和选中行为，常用于制作单选按钮选中和复选框选中效果。

（4）学会设置指定列表项行为，学会制作下拉列表框的一对一联动效果和一对多联动效果。

（5）学会元件的启用和禁用、移动、旋转、置于顶层和置于底层等行为。

（6）学会元件的获得焦点、展开/折叠树节点行为。

第9章　用中继器模拟数据库操作

中继器元件是Axure RP 7.0版本新增的元件，也有人将中继器称为数据集，因为从表面上看它可以动态存储数据，可以模拟数据库的操作，进行增删改查、搜索、排序和分页操作，这些数据库可以完成的操作，中继器元件同样可以完成。中继器通过动态地管理数据，体现出一种动态的交互效果，提高了用户的体验度，如图9.1所示。

图9.1　中继器模仿数据库的交互效果

9.1 认识中继器

中继器元件可用来显示重复的文本、图片、链接，可以模拟数据库的操作，进行数据库的增删改查。经常会使用中继器来显示商品列表信息、联系人信息、用户信息等。

下面这个图标就是中继器元件，图标很形象，像一个数据库表对数据的操作，如图9.2所示。

视频课程

认识中继器

中继器元件由中继器数据集和中继器的项组成。

先来看看什么是中继器数据集。

拖曳一个中继器元件，在检视区域可以看到中继器数据集，如图9.3所示。

图9.2 中继器图标

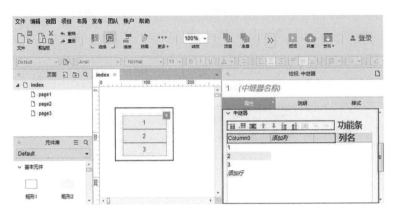

图9.3 中继器数据集

176

中继器数据集有点像数据库的表，数据集列名就是数据库表的列名，可以对它进行重新命名，但要注意一点，不可以使用中文，如果命名为中文，它会提示列名是无效的。

数据集功能条操作包括新增行、删除行、上移行、下移行、新增列、删除列、左移列、右移列等操作，通过这些功能条操作，实现对中继器数据集进行管理。

什么是中继器的项呢？

当双击进入中继器页面的时候，会看到一个矩形元件，如图9.4所示。而在中继器外面可以看到它有三行，也就是说中继器数据集里面有几行数据，中继器就会显示几行数据，而这个矩形元件只有一个，它是被中继器元件所重复的布局，称为中继器的项，数据集有三行，它就被重复地使用了三次。

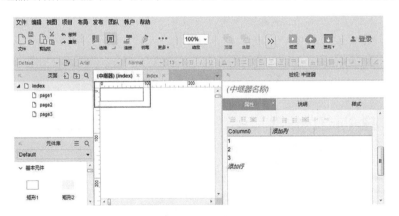

图9.4 中继器的项

这个矩形元件可以删除重新制作中继器的项，重新制作重复的单元。删除矩形元件，拖曳一个水平菜单元件，在中继器外面可以看到水平菜单元件也被用了三次，中继器的项可以作为基础布局，也就是可以重复的单元，如图9.5所示。

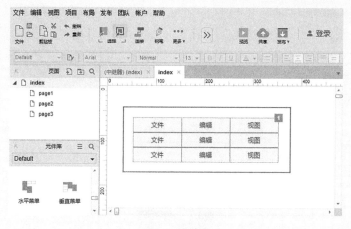

图9.5　中继器

9.2 中继器绑定数据

　　员工信息一般包含员工编号、姓名、部门、职位等。我们在管理员工信息时，需要对其进行新增、删除和查询，如图9.6所示。

视频课程

中继器绑定
数据（1）

视频课程

中继器绑定
数据（2）

	新增	删除			

☐ 全选	员工编号	姓名	部门	职务	操作
☐ 选中	1001	张三	人力资源部	经理	修改　删除
☐ 选中	1002	李四	行政管理部	助理	修改　删除
☐ 选中	1003	王五	设计部	设计师	修改　删除

图9.6　员工信息管理

　　下面利用中继器来完成员工信息的管理，看看中继器如何动态地新增和删除员工数据，来达到与数据库同样的操作效果。

9.2.1 中继器布局设计

◆ **实战演练**

 先来制作表格的标题。拖曳一个水平菜单元件，第一列作为复选框的选中列，可以选中所有行。拖曳一个复选框元件，文本内容命名为"全选"，标签命名为"全选复选框"。第二列为员工编号，第三列为姓名，第四列为部门，第五列为职位，第六列为操作，字体加粗，灰色（999999）背景，如图9.7所示。

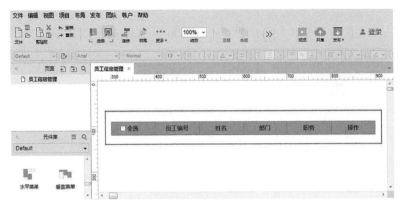

图9.7　表格标题

2 拖曳一个中继器元件，标签命名为"员工信息"，双击进入中继器元件，先来设计它的数据集，需要4列，分别为员工编号、姓名、部门、职务，将它们命名为英文"employeeID" "employeeName" "department"和"job"，添加3行数据，如图9.8所示。

图9.8　编辑中继器数据集

3 接下来要设计中继器的项，也就是重复显示的布局。先删除矩形元件，拖曳一个表格元件，删除两行，留一行就可以了。表格有6列，第一列放置选中复选框，用来作为选中行操作，标签命名为"行内复选框"，如图9.9所示。

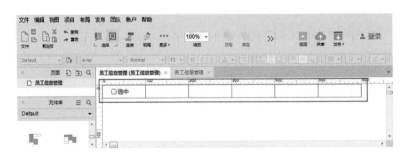

图9.9　编辑中继器的项

4 最后一列是操作列，提供修改和删除操作。拖曳两个标签元件，文本内容分别输入为"修改"和"删除"，字体颜色设置为蓝色（0000FF），如图9.10所示。

图9.10　修改删除操作

5 给各个列添加标签，分别命名为"复选框""员工标号""姓名""部门""职务"和"操作"，如图9.11所示。

图9.11　表格列命名

9.2.2 中继器数据绑定

◆ **实战演练**

1 中继器数据集和中继器的项编辑完成后，中继器并没有显示数据集里的数据，如图9.12所示。

图9.12　员工信息中继器

2 选中"员工信息管理"中继器，添加每项加载时触发事件。先绑定员工编号数据，单击"设置文本"，勾选中继器里的"员工编号"复选框，单击"fx"按钮，如图9.13所示。

图9.13　员工编号设置文本

3 单击"插入变量"，要给中继器里的员工编号赋值，插入数据集里的员工编号这一列值，这样就可以将数据集里的数据绑定到中继器上，如图9.14所示。

图9.14　插入数据集里的值

4 用同样的方式绑定姓名、部门、职务这3列，如图9.15所示。

图9.15　中继器绑定数据

5 返回"员工信息管理"页面，可以看到已将数据集里的数据绑定到了中继器里，如图9.16所示。

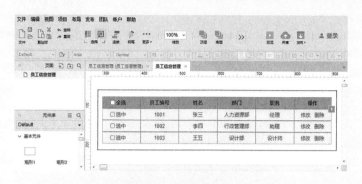

图9.16 数据绑定成功

回顾一下绑定的步骤。拖曳一个中继器，设计中继器的数据集，接着设计中继器的项，添加每项加载时触发事件，勾选要赋值的区域，插入变量，找到数据集的列，这样就可以将数据集里的数据绑定到中继器上。

9.3 新增数据弹出框设计

新增数据的时候，往往会用一个弹出框来显示新增数据的页面，修改数据的时候也会用到弹出框，用来显示修改数据的页面。下面开始来设计新增数据的弹出框。

视频课程

新增数据弹出框
设计

◆ **实战演练**

1 拖曳一个提交按钮元件，作为新增数据的按钮；拖曳一个动态面板元件，宽度设置为1200，高度设置为1000，动态面板命名为"员工信息"，状态命名为"新增修改弹出框"，新增和修改都可以使用这个弹出框，如图9.17所示。

图9.17 员工信息动态面板

2 进入"新增修改弹出框"状态，拖曳一个矩形1，宽度设置为1200，高度设置为1000，填充为黑色，标签命名为遮罩层，遮罩层一般有半透明的感觉，设置不透明度为30；再拖曳一个矩形1元件，作为弹出框的背景，宽度设置成340、高度设置成330，填充为蓝色（0099FF），设置圆角半径3，如图9.18所示。

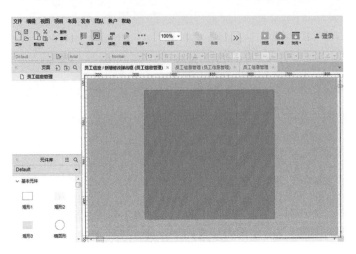

图9.18 弹出框背景

3 拖曳一个文本标签元件，作为弹出框的标题，文本内容为"员工信息管理"，15号字，加粗，白色字体（FFFFFF）；拖曳一个标签元件，作为关闭按钮，文本内容为"关闭"，放在右侧，15号字，加粗，白色字体（FFFFFF），如图9.19所示。

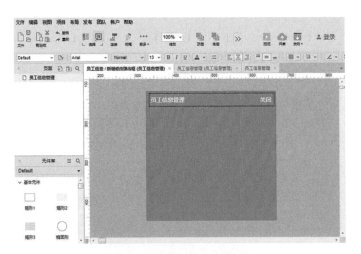

图9.19 弹出框标题及关闭按钮

4 拖曳一个矩形元件，作为新增页面的背景，去掉边框，调整大小，中继器数据集里有4列：员工编号、姓名、部门、职务。拖曳一个标签元件，重新命名为"员工编号"，字体加粗；拖曳一个文本框元件，标签命名为IDInput，如图9.20所示。

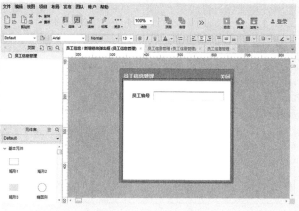

图9.20　员工编号输入

选中员工编号和输入框，按住Ctrl键向下拖曳复制一个，修改为"姓名"，标签命名为"nameInput"，再复制一个，修改为"部门"，给它设置一个下拉菜单，输入几个下拉选项，标签命名为"departInput"，如图9.21所示。

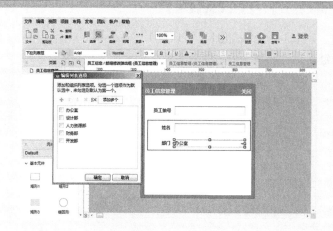

图9.21　姓名和部门输入

选中员工编号和输入框，按住Ctrl键复制一个，修改为"职务"，标签命名为"jobInput"，需要保存和关闭两个按钮，拖曳两个提交按钮元件，保存按钮设置得大一些，如图9.22所示。

图9.22　职务及保存按钮

这样员工信息管理的弹出框就设计完成了。在最初的时候，弹出框被隐藏于底层，单击新增按钮的时候，才会弹出置于顶层，如图9.23所示。

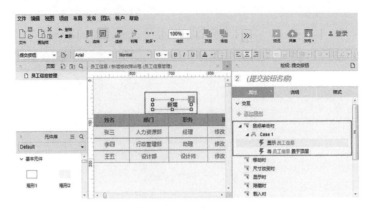

图9.23　新增按钮交互

 ## 9.4 中继器新增数据操作

可利用中继器元件和新增数据的弹出框来实现新增数据的操作。

视频课程

中继器新增数据
操作

◆ 实战演练

> **1** 进入"新增修改弹出框"的状态，选中"关闭"按钮，给它添加鼠标单击时触发事件。隐藏"员工信息"动态面板，并且将它置于底层，设置"员工编号""姓名""职务"输入框里的值为空值和设置"部门"为默认值"办公室"，如图9.24所示。

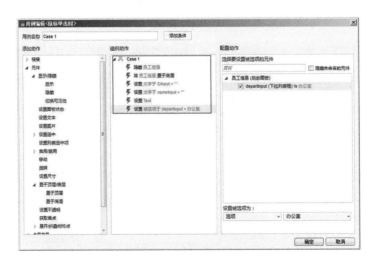

图9.24　关闭按钮交互

2 选中"保存"按钮，给它添加鼠标单击时触发事件。在"添加动作"下面找到中继器的"添加行"操作，勾选"员工信息管理"中继器，再单击"添加行"按钮，如图9.25所示。

图9.25　添加行操作

3 弹出"添加行到中继器"对话框。先给中继器数据集里的员工编号赋值，单击"fx"按钮，将"员工编号"输入框里的值赋值给中继器数据集里的员工编号，如图9.26所示。

图9.26　中继器数据集员工编号赋值

4 运用同样的方式给中继器数据集里的姓名、职务、部门赋值，但是在给部门赋值的时候要注意，局部变量赋值方式是通过下拉列表框"被选项"进行的，其他都是部件文字，如图9.27所示。

图9.27　中继器数据集姓名部门职务赋值

5 中继器新增数据完成后，隐藏"员工信息"动态面板，并且将它置于底层，设置员工编号、姓名、职务输入框里的值为空值和设置部门为默认值"办公室"，如图9.28所示。

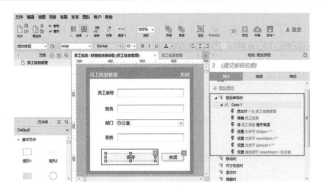

图9.28 隐藏弹出框

6 按F5键发布看一下效果。单击新增按钮，弹出框显示出来，单击关闭按钮弹出框隐藏起来，插入一条数据，如图9.29所示。

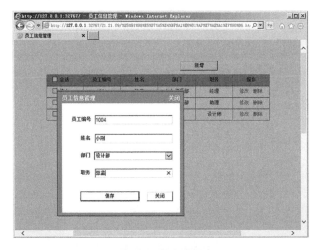

图9.29 插入数据

利用中继器进行动态地新增数据，与操作数据库的效果是一致的，数据库进行新增数据操作，会将数据保存到库里，而使用中继器新增数据，并没有将数据保存到数据集里，刷新浏览器页面，会发现新增的数据丢失了，显示的是数据集里默认添加的数据。

 # 9.5 中继器删除数据操作

中继器元件除了可以进行新增数据操作，同时还可以进行删除数据操作。中继器删除数据操作，分为删除行内数据和删除全局数据，删除行内数据只能将当前行删除，而删除全局数据，则可以将选中行删除。

视频课程

中继器删除数据
操作

9.5.1 删除行内数据

◆ **实战演练**

1 进入 "员工信息管理" 中继器，选中"删除"按钮，给它添加鼠标单击时触发事件。在"添加动作"中继器下面单击"标记行"操作，勾选"员工信息管理"，将当前行先标记起来，如图9.30所示。

图9.30 标记要删除的行数据

2 在"添加动作"中继器下面单击"删除行"操作，勾选"员工信息管理"，选中"已标记"，将当前行删除，如图9.31所示。

图9.31 删除标记数据

3 按F5键发布看一下效果。单击"删除"按钮，可以将当前行数据删除，如图9.32所示。

图9.32 发布原型

9.5.2 全局删除数据

全局数据可以删除一条或者多条数据，它是通过复选框选中要删除的行，然后单击"删除"按钮。

◆ 实战演练

1 拖曳一个提交按钮元件，文本内容输入为"删除"，作为全局删除按钮，如图9.33所示。

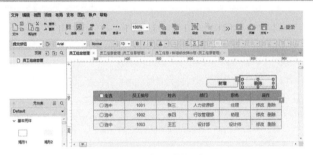

图9.33　全局删除按钮

2 进入"员工信息管理"中继器，选中行内复选框，给它添加选中时触发事件。标记当前行，再添加取消选中时触发事件，取消标记当前行，如图9.34所示。

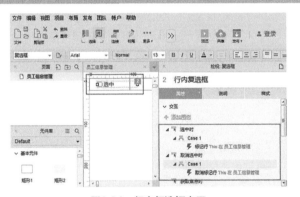

图9.34　行内复选框交互

3 回到"员工信息管理"页面里，选中"全选"复选框，给它添加选中时触发事件。选中行内复选框，再给它添加取消选中时触发事件，取消选中行内复选框，如图9.35所示。

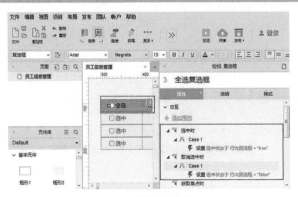

图9.35　全选复选框交互

4 选中"全局删除"按钮，给它添加鼠标单击时触发事件。在"添加动作"下面单击"删除行"操作，删除已标记的行，如图9.36所示。

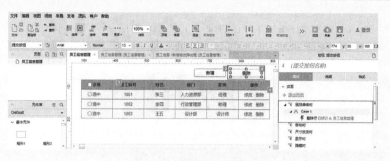

图9.36　全局删除按钮交互

按F5键发布原型。勾选多个要删除的行数据，再单击全局删除按钮，可以看到同时删除了多行数据。

 **9.6 小结**

本章主要学习Axure中继器模拟数据库操作，应当做到以下几点。

（1）学会什么是中继器以及中继器数据集和中继器的项。

（2）学会将中继器数据集里的数据绑定到中继器上，然后在中继器里显示出来。

（3）学会利用Axure元件制作新增数据弹出框。

（4）学会利用中继器元件来动态地新增数据操作。

（5）学会使用中继器进行删除行内数据操作和删除全局数据操作。

练习

利用中继器元件来设计余额宝转入记录，设计余额宝界面布局，同时将数据绑定到中继器元件里，并显示出来，如图9.37所示。

图9.37　余额宝转入记录

第三篇 综合实战应用

第10章 支付宝App低保真原型设计

Axure不仅可以用于网站原型的制作，同时也可以制作移动App的软件原型。下面综合应用Axure的知识，利用Axure来进行支付宝App的低保真原型设计，如图10.1所示。

图10.1 支付宝App低保真原型设计、最终效果

10.1 需求描述

利用Axure RP8.0原型工具制作支付宝App低保真原型，主要包括以下几个方面。

（1）利用Axure的母版功能绘制支付宝App的底部标签导航。

（2）绘制"支付宝"界面的九宫格导航布局设计。

（3）制作"支付宝"界面的海报轮播效果。

（4）绘制"余额宝"界面的布局。

（5）实现"余额宝"界面内容上下滑动效果。

（6）实现"支付宝"界面与"余额宝"界面切换显示效果。

 10.2 设计思路

如何按照支付宝App的需求来制作低保真原型呢？

（1）在进行页面布局时，需要用到文本标签元件、矩形1元件、占位符元件、横线元件、图片元件、动态面板元件等。

（2）在设计底部标签导航时，需要将它设计成母版，这样在页面里可以直接使用，避免重复制作和重复添加交互效果。

（3）海报轮播效果制作需要借助于动态面板的状态自动切换效果进行设置。

（4）界面内容上下滑动效果和左右滑动效果，需要使用两个动态面板元件，一个是外层控制显示区域，另一个是用来添加拖动效果。

 10.3 准备工作

进行低保真原型设计，不要使用截图或者过多的彩色，最好使用黑白灰3种颜色。交互设计师或者产品经理在制作完低保真原型后，交给视觉设计师（UI设计师或者美工）来进行界面的设计，他们会制作界面图片，并且切图。

 10.4 设计流程

10.4.1 底部标签导航母版设计

App绝大部分都采用底部标签导航的方式。它一般会包含3~5个标签导航菜单，每个菜单将软件模块划分得很清晰。用户看到菜单名称，大致可以知道这个界面所要表达的内容。

支付宝App的导航菜单共有4个标签：支付宝、口碑、朋友、我的。这4个标签在很多页面都会使用到，可将它们制作成母版。

视频课程

底部标签导航
母版设计

1 在母版区域里新建一个母版"标签导航"，打开这个母版；拖曳一个矩形1元件，宽度设置为320，高度设置为480，坐标位置设置为（0,0）颜色填充为灰色（F2F2F2），去掉边框线，作为手机屏幕背景，如图10.2所示。

2 拖曳一个矩形1元件，宽度设置为320，高度设置为50，坐标位置设置为（0,430）边框颜色设置为灰色（E4E4E4），作为底部标签导航背景；拖曳4个图片元件，宽度和高度设置为25，如图10.3所示。

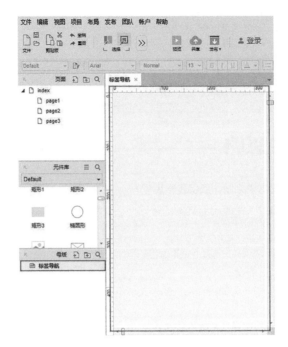

图10.2 手机屏幕背景

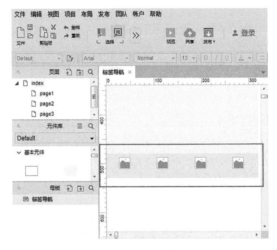

图10.3 标签导航图标

> **注　意**
>
> 　　在摆放标签导航图片或者标签导航文字的时候，可以采用横向均匀分布的方式，只需要控制第一个图片的位置和最后一个图片的位置，采用横向均匀分布就可以让它们等间距的分布排列。

3 拖曳4个标签元件，文本内容分别输入为"支付宝""口碑""朋友"和"我的"，字号设置为11号字，标签也分别命名为"支付宝""口碑""朋友"和"我的"；在页面区域上建立4个页面"支付宝""口碑""朋友"和"我的"，如图10.4所示。

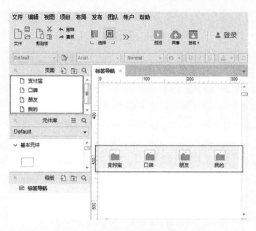

图10.4　导航菜单名称及页面名称

4 给"支付宝"标签导航上面分别拖曳一个图像热区元件，给它添加鼠标单击时触发事件，在当前窗口打开相应页面，如图10.5所示。

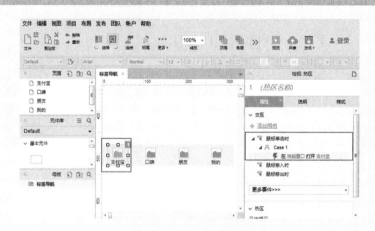

图10.5　打开支付宝页面

5 在"口碑""朋友"和"我的"标签导航上面分别拖曳一个图像热区元件，给它添加鼠标单击时触发事件，在当前窗口打开相应页面，如图10.6所示。

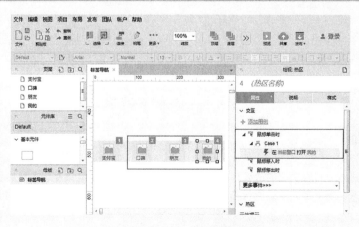

图10.6　打开相应页面

6 将标签导航母版通过新增页面的方式引用到"支付宝""口碑""朋友"和"我的"4个页面了，如图10.7所示。

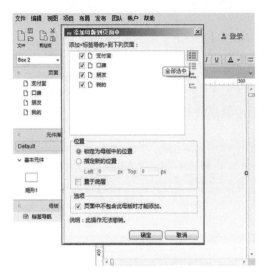

图10.7　母版引用到页面

7 进入 "支付宝"页面，添加页面载入时触发事件。通过富文本的方式设置"支付宝"文本内容字体加粗，该标签导航菜单呈现为选中状态，运用同样的方式给其他3个标签导航设置为选中状态，如图10.8所示。

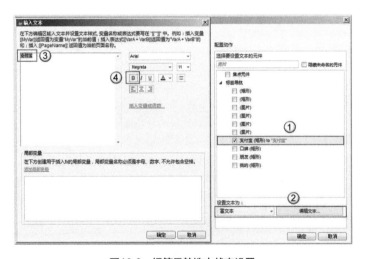

图10.8　标签导航选中状态设置

注 意

第一次进入支付宝页面的时候，标签导航菜单的支付宝菜单应该呈现为选中状态。要实现这一效果，需要借助于页面载入时触发事件，在页面载入的时候将支付宝菜单变为选中状态。

8 按F5键发布原型。单击不同的标签导航，相应的标签字体加粗，呈现为选中状态，如图10.9所示。

图10.9　发布原型

10.4.2 "支付宝"九宫格导航布局设计

　　"支付宝"界面主要由三部分组成，界面状态栏、界面内容和标签导航菜单。标签导航菜单已采用母版的方式设计，界面内容则采用九宫格导航方式。九宫格导航方式是一种宫格导航方式，它并非只有9个导航菜单。通过这样的导航方式，可以清晰地展现各个业务功能，便于用户的查找和使用。

1 进入"支付宝"页面，拖曳一个矩形1元件，宽度设置为320，高度设置为120，颜色填充为灰色（3A3A3A）。再拖曳4个图片元件，宽度和高度都设置为20，作为账单、用户、放大镜、加号图标。拖曳一个标签元件，文本内容命名为"账单"，字体颜色设置为白色（FFFFFF），如图10.10所示。

视频课程

"支付宝"九宫格
导航布局设计（1）

2 拖曳4个图片元件，宽度和高度都设置为35，再拖曳4个标签元件，文本内容分别为"扫一扫""付款""卡券"和"咻一咻"，字体颜色设置为白色（FFFFFF），字号设置为12号字，如图10.11所示。

视频课程

"支付宝"九宫格
导航布局设计（2）

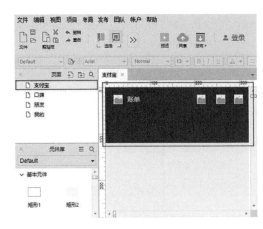

图10.10 状态栏设计　　　　　　　　图10.11 快捷功能按钮

3 拖曳一个动态面板元件，宽度设置为320，高度设置为358，坐标位置设置为（0,120），动态面板的名称为"支付宝屏幕显示区"，状态名称为"支付宝屏幕"，如图10.12所示。

4 进入"支付宝屏幕"这个状态，拖曳一个矩形1元件，宽度和高度都设置为80，边框线的颜色设置为浅灰色（E4E4E4），复制出11个同样的矩形框，如图10.13所示。

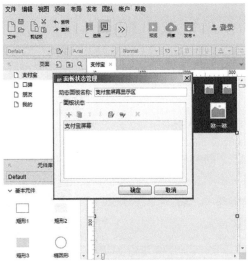

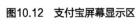

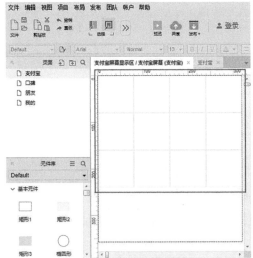

图10.12 支付宝屏幕显示区　　　　　　图10.13 九宫格导航框

5 九宫格导航菜单由两部分组成，一个是导航菜单图标，可以使用图片元件来代替，拖曳一个图片元件，宽度和高度都设置为30；还有一个是导航菜单名称，拖曳一个标签元件，字号设置为11号字，如图10.14所示。

6 拖曳一个动态面板元件，宽度设置为320，高度设置为70，坐标位置设置为（0,250），动态面板的名称为"海报轮播显示区"，3个状态分别为"海报1""海报2"和"海报3"，如图10.15所示。

图10.14　九宫格导航菜单　　　　　　　　　　　图10.15　海报轮播显示区

7 在"海报1""海报2"两个状态里，分别放置两个占位符元件，宽度设置为320，高度设置为70，文本内容分别为"海报1""海报2"，如图10.16所示。

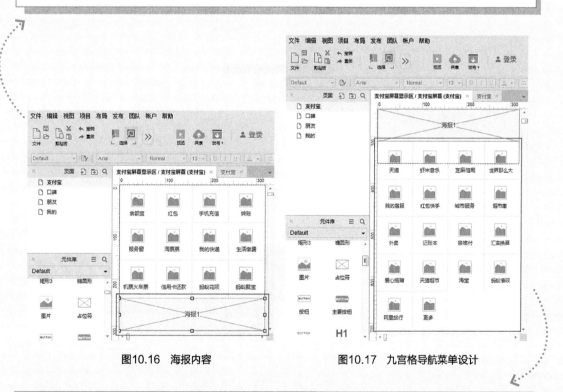

图10.16　海报内容　　　　　　　　　　　　图10.17　九宫格导航菜单设计

8 复制上面制作好的九宫格导航，在它的基础修改一下，成为下面的九宫格导航，如图10.17所示。

10.4.3　海报轮播效果制作

海报轮播是用来动态地在有限的区域里显示商品的广告信息。

1 进入"支付宝屏幕显示区"这个状态，选中"海报轮播显示区"动态面板，给它添加载入时触发事件。在"添加动作"下选择"设置面板状态"，在"配置动作"下选择"Set海报轮播显示区"复选框，选择"状态"选择"Next"，单击选中复选框"向后循环"，"循环间隔"时间为"3000"毫秒，"进入动画"框选"向左滑动"，"退出动画"框选"向左滑动"，时间为"1000"毫秒，如图10.18所示。

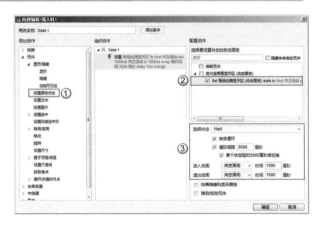

图10.18　海报轮播设置

注　意

海报轮播的实现就是让动态面板的状态进行自动地切换显示，而触发它切换显示的事件就是载入时触发事件。

2 按F8键发布原型，可以看到海报进行自动循环轮播，如图10.19所示。

图10.19　发布原型

10.4.4　"余额宝"界面布局设计

在支付宝界面，单击九宫格导航的"余额宝"导航菜单，会进入余额宝界面。这个界面是用来显示余额宝总金额和收益情况，如图10.20所示。

图10.20　余额宝界面

1　拖曳一个动态面板元件，宽度设置为320，高度设置为530，动态面板的名称为"余额宝"，状态为"余额宝内容"，背景色设置为灰色（F2F2F2），如图10.21所示。

图10.21　余额宝动态面板

2　进入"余额宝内容"状态，拖曳一个矩形元件，宽度设置为320，高度设置为50，坐标位置设置为（0,0），颜色填充为深灰色（3A3A3A），作为状态栏背景；拖曳一个水平线元件，颜色设置为白色（FFFFFF），添加一个向左的箭头，作为返回按钮；拖曳一个垂直线元件，颜色设置为白色（FFFFFF），高度设置为17，作为间隔线，如图10.22所示。

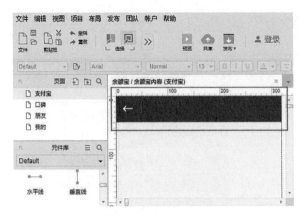

图10.22 状态栏背景

3 拖曳一个文本标签元件，文本内容为"余额宝"，字号设置为15，颜色设置为白色（FFFFFF）；拖曳两个图片元件，宽度和高度都设置为25，作为查看转入记录图标和设置的图标，如图10.23所示。

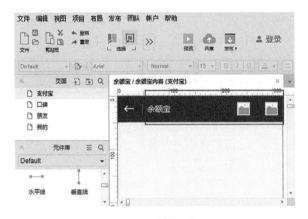

图10.23 快捷图标

4 拖曳一个矩形1元件，宽度设置为320，高度设置为50，边框颜色设置为浅灰色（E4E4E4）；拖曳两个文本标签元件，文本内容分别为"转出"和"转入"，字号设置为15，加粗，如图10.24所示。

图10.24 转入转出导航

5 拖曳一个动态面板元件，宽度设置为320，高度设置为429，坐标位置为（0,50），动态面板的名称为"余额宝收益显示区"，状态名称为"余额宝收益"；拖曳一个矩形3元件，宽度设置为320，高度设置为40，文本内容为"五一假期期间余额宝转入收益和转出到账时间提醒"，如图10.25所示。

图10.25　余额宝收益显示区　　　　　　图10.26　余额宝收益内容显示区

6 进入"余额宝收益"这个状态，拖曳一个动态面板元件，宽度设置为320，高度设置为600，坐标位置为（0,0），动态面板的名称为"余额宝收益内容显示区"，状态名称为"余额宝收益内容"，如图10.26所示。

7 进入"余额宝收益内容"这个状态，拖曳一个矩形元件，宽度设置为320，高度设置为280，颜色填充为灰色（666666）；拖曳4个文本标签元件，文本内容分别为"昨日收益(元)""1000.94""总金额(元)"和"2.45"，字体颜色设置为白色（FFFFFF），将"昨日收益(元)"字号设置为14号字，将"1000.94"字号设置为72号字，将"总金额(元)"字号设置为12号字，将"2.45"字号设置为24号字，如图10.27所示。

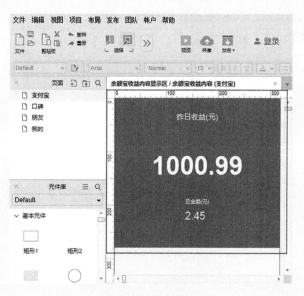

图10.27　收益情况

> **注 意**
>
> 通过将文本内容设置成不同的字号，这样可以突出重点，弱化不重要的内容，使页面内容显得有层次感。

> **8** 拖曳两个标签元件，文本内容分别命名为"万份收益(元)"和"累计收益(元)"；拖曳两个标签元件，文本内容分别命名为"0.7181"和"236.32"，字号设置为24号；拖曳垂直线元件，边框颜色设置为灰色（E4E4E4），作为间隔线，如图10.28所示。

图10.28 万份收益　　　　　　　　　　图10.29 收益率走势

> **9** 拖曳一个文本标签元件，文本内容命名为"七日年化收益率(%)"；拖曳一个矩形1元件，宽度设置为80，高度设置为25，文本内容命名为"提升收益"，字号设置为12号字；拖曳一个占位符元件，宽度设置为320，高度设置为180，文本内容命名为"收益率走势图"，如图10.29所示。

10.4.5 "余额宝"界面上下滑动设计

余额宝界面内容很长，一整屏无法显示所有内容，如果想查看完整的界面内容，可以通过上下滑动余额宝界面，来查看完整的界面内容。下面开始制作余额宝界面上下滑动效果。

视频课程

"余额宝"界面
上下滑动设计

> **1** 选中"余额宝收益内容显示区"动态面板，给它添加拖动动态面板时触发事件，如图10.30所示。

图10.30 添加拖动动态面板时触发事件

2 单击"移动"这个动作，勾选"余额宝收益内容显示区（动态面板）垂直拖动"复选框，让它垂直拖动，如图10.31所示。

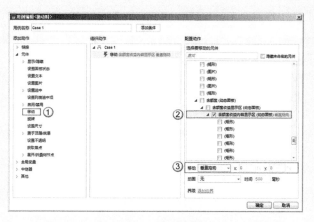

图10.31　垂直拖动

3 再给"余额宝收益内容显示区"这个动态面板添加拖动结束时触发事件。向下滑动时，如果滑动的值大于0，就让"余额宝收益内容显示区"这个动态面板回到原始位置，如图10.32、图10.33所示。

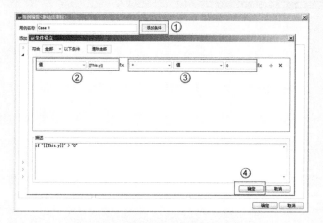

图10.32　动态面板元件滑动y值大于0

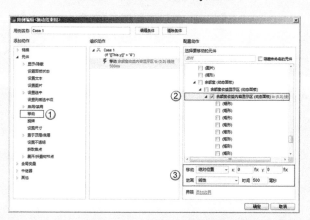

图10.33　动态面板回到初始位置

4 向上滑动时，最外层动态面板"余额宝收益显示区"的高度是429，里层动态面板"余额宝收益内容显示区"的高度是600，可以向上滑动的空间是170。当大于170的时候，同样让"余额宝收益内容显示区"动态面板回到原始位置，如图10.34和图10.35所示。

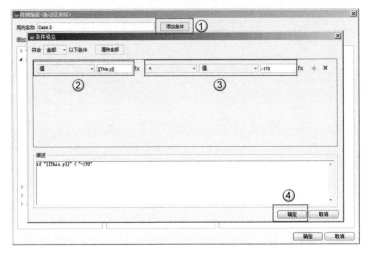

图10.34　动态面板向上滑动

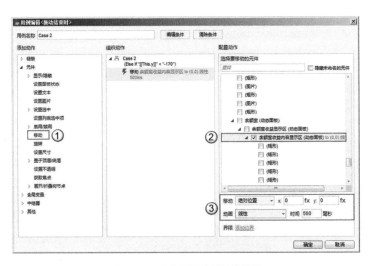

图10.35　动态面板回到初始位置

注 意

　　向上滑动时，y的值是负值，所以让它小于220；向下滑动时，y的值是正值，所以让它大于0。

5 按F8键发布看一下效果。在余额宝界面上下拖动，可以实现上下滑动效果，如图10.36所示。

图10.36　发布原型

10.4.6 "支付宝"与"余额宝"切换显示效果

在支付宝页面里，单击余额宝导航会进入余额宝界面。在余额宝界面里，单击返回按钮可以回到支付宝界面，这是支付宝界面和余额宝界面相互切换的显示效果，如图10.37所示。

视频课程

"支付宝"与"余额宝"切换显示效果

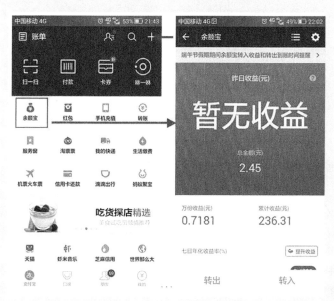

图10.37　支付宝与余额宝切换显示

1 将"余额宝"动态面板隐藏起来，并且置于底层；进入"支付宝屏幕显示区"动态面板的"支付宝屏幕"状态，拖曳一个图像热区元件放置在余额宝导航上面，添加鼠标单击时触发事件，让它显示"余额宝"动态面板，并且置于顶层，如图10.38所示。

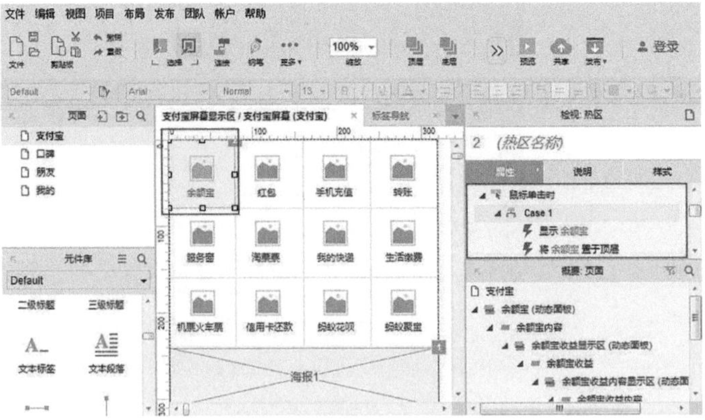

图10.38 显示余额宝动态面板

2 进入"余额宝"动态面板的"余额宝内容"状态里，拖曳一个图像热区元件放置在余额宝返回按钮上面，添加鼠标单击时触发事件，让它隐藏"余额宝"动态面板，并且置于底层，如图10.39所示。

图10.39 隐藏余额宝动态面板

现在发布原型，就可以看到单击余额宝导航菜单。进入余额宝界面，单击返回按钮，余额宝界面隐藏起来，支付宝页面显示出来，实现了支付宝界面和余额宝界面切换显示效果。

 # 10.5 小结

本章通过支付宝App低保真原型，应当做到以下几点。

（1）学会使用标签元件、矩形元件、占位符元件、水平线元件、垂直线元件、图片元件、动态面板元件等进行页面的布局设计。

（2）学会使用Axure母版功能来设计App软件的底部标签导航；将它制作成母版，在其他页面可以直接使用。

（3）学会如何实现海报轮播效果制作。

（4）学会如何实现界面内容上下滑动效果的制作。

练习

完成口碑界面内容的布局设计和界面内容上下滑动效果设计，如图10.40所示。

图10.40 口碑界面

第11章　携程旅游网站高保真原型设计

Axure原型设计工具不仅可以设计出低保真的软件原型，同时也可以设计出高保真原型。高保真原型的效果，不管在软件界面还是在软件交互上，几乎和真实软件的体验效果一样。图11.1所示为携程旅游网站首页的原型设计。

图11.1　携程旅游网站首页

本章通过携程旅游网站的高保真原型设计案例，实践利用Axure原型设计工具绘制软件的高保真原型。

 11.1 需求描述 ─────────────────────────────

利用Axure软件绘制携程旅游网站的高保真原型，主要涉及以下几个方面。

（1）绘制携程旅游网站的注册页面并进行表单验证。

（2）制作验证码30s倒计时重新获取交互效果。

（3）绘制携程旅游网站的登录页面，不进行表单验证。

（4）制作携程旅游网站导航菜单，制作成母版使用。

（5）制作首页搜索区域导航悬浮效果。

（6）制作首页海报轮播效果。

（7）制作首页图片放大缩小效果。

 11.2 设计思路 ─────────────────────────────

如何实现携程旅游网站登录与注册页面、首页及商品详情页的高保真原型设计呢？

（1）在进行页面布局，需要用到标签元件、矩形元件、文本框（单行）元件、横线元件、图片元件、动态面板元件等。

（2）进行注册表单的验证，需要用到动态面板和条件设置。当用户输入用户名和密码的时候，错误的提示信息放在动态面板里，根据不同的条件显示不同的提示信息。

（3）倒计时交互设计，需要使用页面加载时触发事件，并且使用两个同样的页面加载时触发事件。

（4）将网站的顶部信息、导航菜单和版权信息制作成母版，其他页面直接使用。

（5）海报轮播效果制作，需要借助于动态面板元件，在多个状态中自动切换显示。

（6）图片放大缩小效果制作，需要动态地改变图片的尺寸，以实现图片放大缩小的效果。

11.3 准备工作

进行高保真原型设计，需要使用大量的图片。在真实项目中，交互设计师会绘制一版低保真原型，交给视觉设计师（UI设计师或者美工）来进行界面的设计。他们会制作界面图片，并且切图。交互设计师拿到这些图片，在低保真原型里进行替换，最终才能制作出一版高保真设计原型。

（1）需要准备携程旅游网站登录界面和注册界面相关图片（见图11.2和图11.3）。

图11.2 携程旅游网站注册界面

图11.3 携程旅游网站登录界面

（2）需要准备携程旅游网站首页界面的图片（见图11.4）。

图11.4 携程旅游网站首页界面

 11.4 设计流程

11.4.1 网站注册表单布局设计

携程旅游网站的注册表单是一个向导型表单。注册分为三个步骤：填写、验证、注册成功。注册表单内容包含手机号、Email、密码、确认密码等表单项，如图11.5、图11.6所示。

图11.5 填写表单

图11.6 邮箱验证

1 进入注册页面，拖曳一个图片元件，用"1-状态栏"图片替换图片元件，x、y坐标值为（0,0）；拖曳一个图片元件，用"27-填写向导"图片替换图片元件，x、y坐标值为（0,0），如图11.7所示。

图11.7 状态栏和表单向导

2 拖曳一个文本标签元件，文本内容命名为"会员注册 注册成功可获1000积分+返现特权"，将"会员注册"4个字设置为24号字，将"1000"字体颜色设置成绿色（006600），字体加粗，将"返现"字体颜色设置成橙色（FF9900），字体加粗，如图11.8所示。

图11.8 会员注册说明

3 拖曳3个文本标签元件，文本内容分别输入为"手机号""Email"和"密码"，字号设置为16号字；拖曳一个矩形1元件，宽度设置为320，高度设置为32，边框颜色为灰色（CCCCCC）；拖曳个文本框元件，宽度设置为210，高度设置为25，如图11.9所示。

图11.9 表单标签和边框

4 设置文本框的提示文字为"可用作登录名"，去掉隐藏边框，然后再复制出两个，作为Email和密码的输入框，它们的提示文字分别为"可用作登录名"和"8-20位字母、数字和符号"，如图11.10所示。

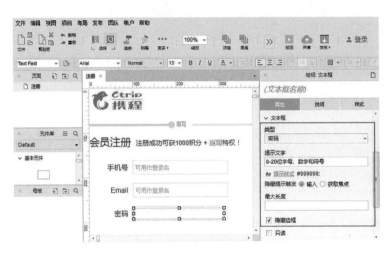

图11.10　设置提示文字

5 拖曳一个动态面板元件，动态面板的名称"确认密码组合"，状态命名为"密码组合"，复制手机号标签和文本框到"密码组合"状态里，修改表单标签为"确认密码"，提示文字为"再次输入密码"，如图11.11所示。

图11.11　确认密码

6 拖曳一个复选框元件，文本内容重新命名为"同意<<携程旅行网服务协议>>"，拖曳一个图片元件，用"20-验证按钮"图片替换图片元件；拖曳一个文本标签元件，放置在Email文本输入框的后面，文本内容为"填写Email并通过验证，可额外获得200积分！"，将"200"字体设置为绿色（006600），字体加粗，如图11.12所示。

图11.12　注册协议

> **7** 拖曳一个动态面板元件，动态面板名称为"密码强度显示区"，建立4个状态"密码默认等级""密码弱""密码中"和"密码强"，分别用"14-注册密码默认""15-注册密码等级弱""16-注册密码等级中"和"14-注册密码等级强"图片作为状态内容，如图11.13所示。

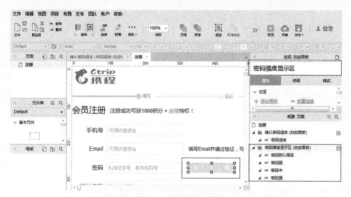

图11.13　密码强度

11.4.2 网站注册表单校验

1. 密码校验内容

当密码输入框获得焦点时，显示提示信息"请设置登录密码"，密码强度为默认等级。

当密码长度小于8位、大于20位时，提示"密码需为8-20个字符,由字母、数字和符号组成。"，密码强度为默认等级。

当密码长度等于8位时，提示"密码过于简单，有被盗风险"，密码强度为弱等级。

当密码长度大于8位、小于等于10位时，隐藏密码提示信息，密码强度为中等级。

当密码长度大于10位、小于等于20位时，隐藏密码提示信息，密码强度为强等级。

视频课程　　　视频课程

网站注册表单　　网站注册表单
校验（1）　　　校验（2）

> **1** 拖曳一个动态面板元件，动态面板的名称为"密码验证显示区"，建立3个状态"密码默认提示""密码过于简单"和"8-20位字母或数字"，分别用"17-密码-请设置密码""19-密码-过于简单"和"18-密码-8到20个字符"图片作为状态内容，如图11.14所示。

图11.14 密码验证显示区

2 将"密码验证显示区"动态面板隐藏起来，置于底层，选中密码输入框，添加获得焦点时触发事件，显示"密码验证显示区"动态面板，在更多选项里选择推拉元件，设置"密码验证显示区"动态面板的状态为"密码默认提示"，如图11.15所示。

图11.15 密码输入框获得焦点

3 密码输入框失去焦点时，添加失去焦点时触发事件，如图11.16所示。

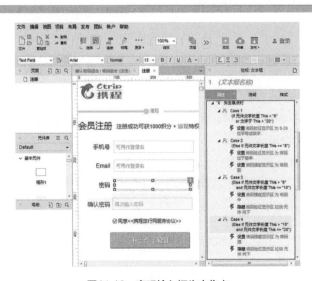

图11.16 密码输入框失去焦点

2. 确认密码校验内容

当确认密码输入框获得焦点时，显示提示信息"请再次输入密码"。

当确认密码输入框失去焦点时，如果两次密码输入不一致，提示"您两次输入的密码不一致"。

1 拖曳一个动态面板元件，动态面板的名称为"确认密码显示区"，建立两个状态"请确认密码"和"两次密码不一致"，分别用"20-确认密码-请再次输入密码"和"21-确认密码-两次密码不一致"图片作为状态内容，如图11.17所示。

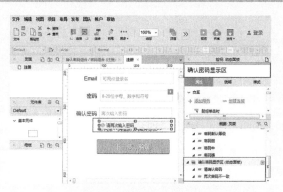

图11.17　确认密码显示区

2 将"确认密码显示区"动态面板隐藏起来，置于底层。选中确认密码输入框，添加获得焦点时触发事件，显示"确认密码显示区"动态面板，在更多选项里选择推拉元件，设置"确认密码显示区"动态面板的状态为"请确认密码"，如图11.18所示。

图11.18　确认密码输入框获得焦点

3 给密码输入框和确认密码输入框进行标签命名，分别命名为"密码输入框"和"确认密码输入框"，确认密码输入框失去焦点时，添加失去焦点时触发事件，判断密码和确认密码两次输入是否一致，如图11.19所示。

图11.19　确认密码输入框失去焦点

11.4.3 倒计时交互设计

在填写完注册表单后，会进行验证。有两种方式进行验证，一种是手机号验证，另一种是邮箱验证。如果没有填写手机号会进入邮箱验证页面，邮箱验证页面有倒计时交互效果，如果在规定时间内没有输入验证码，可以重新获取验证码，如图11.20所示。

图11.20　邮箱验证

下面开始进行邮箱验证页面布局设计和倒计时交互设计。

> **1** 在页面区域新建一个页面"验证"，进入页面，拖曳3个图片元件，用"1-状态栏""28-验证向导"和"2-邮箱验证内容"图片替换图片元件，如图11.21所示。

图11.21　邮箱验证布局

> **2** 拖曳一个矩形1元件，宽度设置为124，高度设置为24，圆角半径为5，文本内容为"30s后可重新获取"，标签命名为"获取验证码"，如图11.22所示。

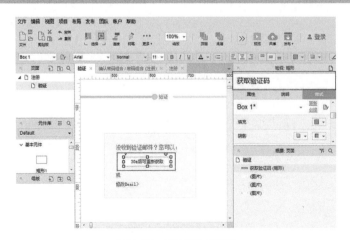

图11.22　倒计时布局设计

3 新增一个全局变量"totaltime"，默认值为"30"，添加页面载入时触发事件。添加条件，如果totaltime大于0，让变量值减1，然后给获取验证码重新设置文本内容，等待1秒钟后，重新加载页面载入时触发事件，如图11.23所示。

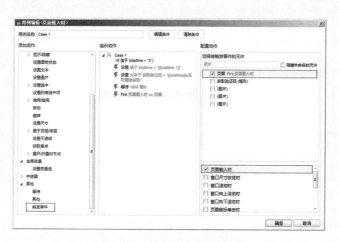

图11.23　页面载入时触发事件

4 如果变量值"totaltime"等于0，设置获取验证码文本内容为"30s后可重新获取"，设置变量值totaltime等于30，等待1秒钟后，重新加载页面载入时触发事件，如图11.24所示。

图11.24　重新获取验证码

　　发布可以看一下效果。页面载入时可以看到时间在不断减少，等到时间减少到0后，重新从30开始减少，这样就实现了倒计时的交互效果。

11.4.4　网站登录布局与交互设计

　　携程旅游网站登录提供两种登录方式，一种是普通登录方式，另一种是手机动态密码登录方式。两种登录方式的切换采用单选按钮操作来完成，如图11.25、图11.26所示。

视频课程

网站登录布局
与交互设计

图11.25　普通登录　　　　　　　　图11.26　手机动态密码登录

1 在页面区域新建一个页面"登录"，拖曳两个图片元件，用"6–携程LOGO"和"7–登录图片"替换图片元件，如图11.27所示。

图11.27　网站LOGO及广告

2 拖曳一个矩形1元件，宽度设置为390，高度设置为433，边框颜色设置为蓝色（00CCCC），标签命名为"登录边框"；拖曳一个文本标签元件，文本内容命名为"会员登录"，字号为16号字；拖曳一个文本标签元件，文本内容命名为"立即注册，享积分换礼返现等专属优惠"，字号设置为12号字，"立即注册"字体颜色为蓝色（00CCCC）；拖曳一个横线元件，作为间隔线，如图11.28所示。

图11.28 登录边框

3 拖曳两个单选按钮元件，文本内容分别命名为"普通登录"和"手机动态密码登录"，同时选中这两个单选按钮元件，右键指定单选按钮组为"登录按钮组"，这样每次只能选中一个单选按钮元件，如图11.29所示。

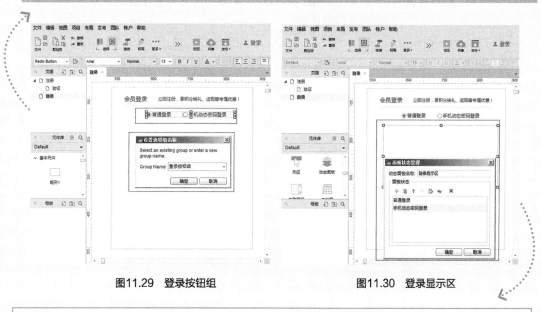

图11.29 登录按钮组　　　　　　　　　　　**图11.30 登录显示区**

4 拖曳一个动态面板元件，动态面板命名为"登录显示区"，建立两种状态"普通登录"和"手机动态密码登录"，如图11.30所示。

5 进入"普通登录"状态，拖曳3个文本标签元件，文本内容分别为"登录名""密码"和"忘记密码？"，"登录名"和"密码"字号设置为15号字，"忘记密码？"设置为12号字，蓝色字体（0000FF）；拖曳两个文本框元件，宽度设置为195，高度设置为30，登录名输入添加提示文字"用户名/卡号/手机/邮箱"，如图11.31所示。

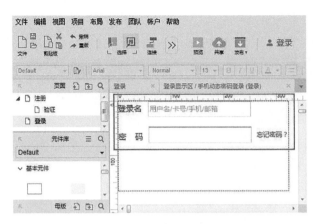

图11.31　登录名及密码

6　拖曳一个复选框元件，文本内容为"30天内自动登录"；拖曳一个图片元件，用"12-登录按钮"图片替换图片元件，作为登录按钮，如图11.32所示。

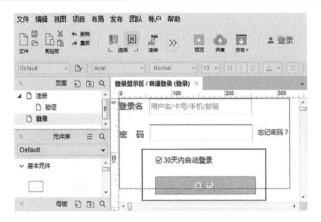

图11.32　登录按钮

7　进入"手机动态密码登录"状态，拖曳3个文本标签元件，文本内容分别为"登录名""验证码"和"密码"，字号设置为15号字；拖曳3个文本框元件，输入框添加提示文字分别为"请输入注册手机号""不区分大小写"和"动态密码"，如图11.33所示。

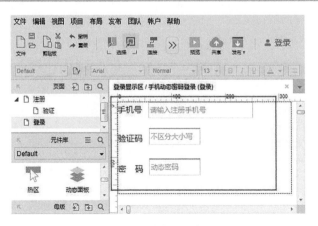

图11.33　手机号及密码

8 拖曳两个图片元件，用"11-登录验证码"和"25-发送动态密码默认"图片替换图片元件，作为验证码和获取动态密码；拖曳一个复选框元件，文本内容为"30天内自动登录"；拖曳一个图片元件，用"12-登录按钮"图片替换图片元件，作为登录按钮，如图11.34所示。

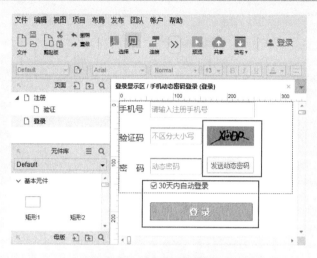

图11.34 登录按钮及验证码

9 回到登录页面，选中"登录显示区"动态面板，单击鼠标左键选择"自动调整为内容尺寸"选项，让动态面板跟随内容的变化而变化；拖曳一个图片元件，用"10-合作登录"图片替换图片元件，如图11.35所示。

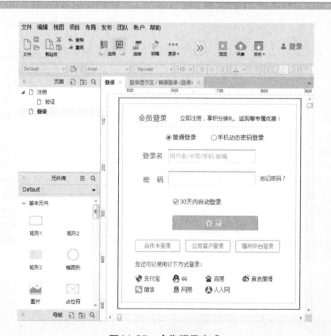

图11.35 合作登录方式

10 选中普通登录单选按钮，给它添加选中时触发事件。设置"登录显示区"动态面板的状态为"普通登录"，并且勾选"推动/拉动"元件；设置"登录边框"的尺寸，宽度设置为390，高度设置为433，动态地改变登录边框的高度和宽度，如图11.36所示。

图11.36 普通登录交互

11 选中手机动态密码登录单选按钮，给它添加选中时触发事件。设置"登录显示区"动态面板的状态为"手机动态密码登录"，并且勾选"推动/拉动"元件；设置"登录边框"的尺寸，宽度设置为390，高度设置为484，动态地改变登录边框的高度和宽度，如图11.37所示。

图11.37 手机动态密码登录交互

现在可以发布原型看一下效果。单击"普通登录"按钮，显示的是普通登录按钮的内容，单击"手机动态密码登录"，显示的是手机动态密码登录的内容，并且合作登录方式和登录边框都发生变化，可以动态移动位置或者修改边框的高度。

11.4.5 导航菜单母版设计

携程旅游网站导航菜单有很多内容，一级导航菜单有十几个，每个一级导航菜单下面有对应的二级导航菜单，如图11.38所示。这样在原型设计的时候，将导航菜单设计成母版，就可以直接引用到页面中使用。

视频课程　　　　视频课程

导航菜单母版　　导航菜单母版
设计（1）　　　　设计（2）

图11.38　导航菜单

1. 导航菜单布局设计

1 在母版区域新建一个母版，名称为"导航菜单"。双击进入"导航菜单"母版里，拖曳一个图片元件，用"1–状态栏"图片替换图片元件，坐标位置为（134,0）；拖曳一个图片元件，用"0–背景"图片替换图片元件，宽度设置为1366，坐标位置为（40,60），作为导航菜单背景，如图11.39所示。

图11.39　状态栏及导航菜单背景

2 拖曳16个文本标签元件，文本内容分别输入为"首页""酒店""旅游""机票""火车""汽车票""用车""门票""团购""攻略""全球购""礼品卡""商旅""游轮""天海游轮"和"更多"，字体颜色设置白色（FFFFFF），字号为15号字，"首页"的x、y坐标位置设置为（158,72），"更多"的x、y坐标位置设置为（1049,72），设定好第一个和最后一个菜单位置，这时可以让它们水平均匀分布，如图11.40所示。

图11.40　一级导航菜单放置

3 拖曳一个矩形1元件，宽度设置为56，高度设置为40，坐标位置（146,61），填充为黑色（000000），不透明度设置为38，标签命名为"菜单选中背景"，将"首页"置于顶层，让它在"菜单选中背景"上面；选中"菜单选中背景"，复制出一个，标签命名为"菜单悬浮背景"，坐标位置（83,61），如图11.41所示。

图11.41　菜单选中及悬浮背景

4 拖曳一个图片元件，用"17-我的登录"图片替换图片元件，坐标位置（146,61），作为登录和注册的区域，如图11.42所示。

图11.42　我的携程

5 拖曳一个动态面板元件，动态面板的名称为"二级导航菜单显示区"，建立两种状态"酒店二级导航菜单"和"旅游二级导航菜单"，宽度设置为1168，高度设置为40，坐标位置（145,101），如图11.43所示。

图11.43　二级导航菜单显示区

6 进入"酒店二级导航菜单"状态,拖曳一个矩形1元件,宽度设置为1168,高度设置为40,边框颜色设置蓝色(0000FF),拖曳坐标位置(145,101);拖曳9个文本标签元件,文本内容分别为"国内酒店""海外酒店"和"海外民宿+短租""团购""特价酒店""途家公寓""酒店+景点""客栈民宿"和"会场+团队发",它们之间加一个间隔线,"国内酒店"坐标位置(26,12),"会场+团队发"坐标位置(623,12),设定好第一个和最后一个菜单位置,这时可以让它们水平均匀分布,如图11.44所示。

图11.44 酒店二级导航菜单

7 拖曳一个文本标签元件,文本内容输入为"酒店订单>",坐标位置为(1092,12),如图11.45所示。

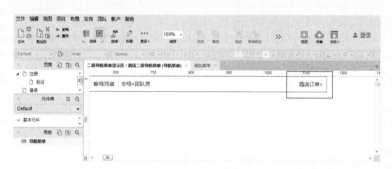

图11.45 酒店订单入口

8 复制"酒店二级导航菜单"的内容到"旅游二级导航菜单"状态里,修改导航菜单名称,如图11.46所示。

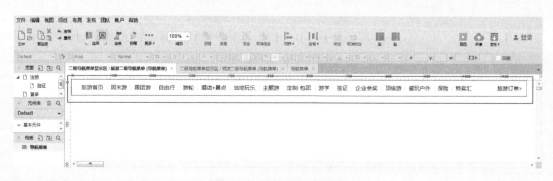

图11.46 旅游二级导航菜单

⑨ 回到导航菜单母版里，拖曳一个矩形1元件，调整形状为向上三角形，宽度设置为21，高度为12，标签命名为"向上三角形"，去掉边框线，坐标位置（217,93），如图11.47所示。

图11.47　向上三角形

2. 导航菜单交互设计

1️⃣ 将"向上三角形"和"二级导航菜单显示区"隐藏起来，在页面区域建立3个页面"首页""酒店"和"旅游"；选中"首页"一级导航菜单，给它添加鼠标单击时触发事件，让它在新窗口打开"首页"页面，如图11.48所示。

图11.48　打开首页

2️⃣ 选中"酒店"一级导航菜单，给它添加鼠标单击时触发事件，让它在新窗口打开"酒店"页面；添加鼠标移入时触发事件，显示"向上三角形"，移动绝对位置（217,93），显示"二级导航菜单显示区"，设置面板状态为"酒店二级导航菜单"，显示"菜单悬浮背景"，移动绝对位置（199,61）；添加鼠标移出时触发事件，隐藏"向上三角形""二级导航菜单显示区"和"菜单悬浮背景"，如图11.49所示。

图11.49　酒店导航菜单交互

3 选中"旅游"一级导航菜单，给它添加鼠标单击时触发事件，让它在新窗口打开"旅游"页面；添加鼠标移入时触发事件，显示"向上三角形"，移动绝对位置（272,93），显示"二级导航菜单显示区"，设置面板状态为"旅游二级导航菜单"，显示"菜单悬浮背景"，移动绝对位置（256,61）；添加鼠标移出时触发事件，隐藏"向上三角形""二级导航菜单显示区"和"菜单悬浮背景"，如图11.50所示。

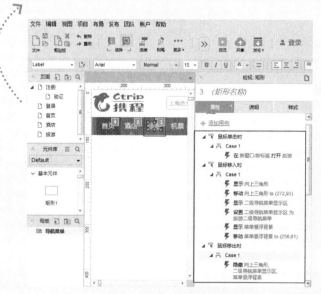

图11.50　旅游导航菜单交互

图11.51　导航菜单引入到页面里

4 在母版区域，选中"导航菜单"母版，单击鼠标右键选择"新增页面到首页里"，这样就将"导航菜单"母版引入到"首页""酒店"和"旅游"页面里使用，如图11.51所示。

5　进入"首页",可以看到引入的"导航菜单",按F5键发布原型看一下效果。当鼠标移入酒店或者旅游导航菜单上的时候,会出现二级菜单;移出的时候,二级菜单隐藏,如图11.52所示。

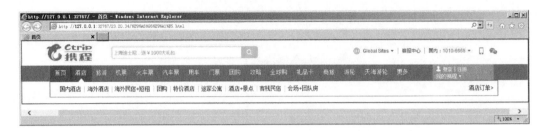

图11.52　发布原型

6　在"首页"里添加页面载入时触发事件,选择"移动菜单选中背景绝对位置(145,61)",如图11.53所示。

图11.53　首页菜单选中背景

7　在"酒店"页面,添加页面载入时触发事件,选择"移动菜单选中背景绝对位置(199,61)",如图11.54所示。

图11.54　酒店菜单选中背景

8 在"旅游"页面，添加页面载入时触发事件，选择"移动菜单选中背景绝对位置（253,61）"，如图11.55所示。

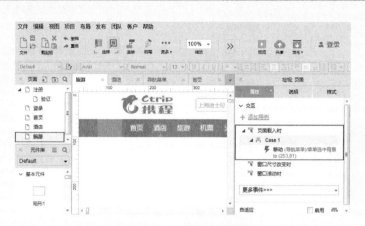

图11.55 酒店菜单选中背景

这样就制作完成了导航菜单母版。在母版区域新建一个母版，在新建母版里设计内容，最后引入到页面里进行使用。

11.4.6 首页海报轮播效果制作

携程网站首页也采用了海报轮播效果发布广告信息，如图11.56所示。

视频课程

首页海报轮播
效果制作

图11.56 海报轮播区域

海报轮播区域主要由两部分组成：海报图片和海报轮播序号。要实现海报轮播的效果，需要借助于动态面板元件。

1 进入"首页"，拖曳一个图片元件，用"3-国际直通车"图片替换图片元件，坐标位置（146,112）；拖曳一个动态面板元件，动态面板的名称为"海报轮播显示区"，宽度设置为1366，高度设置为341，坐标位置（40,150），建立8个状态，分别命名为"海报1""海报2""海报3""海报4""海报5""海报6""海报7"和"海报8"，如图11.57所示。

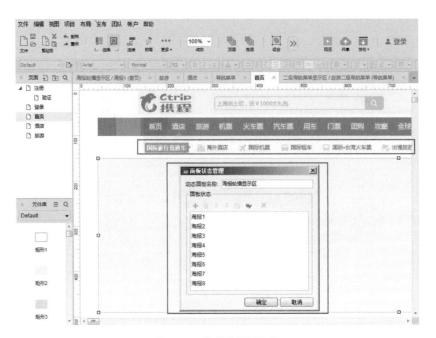

图11.57 海报轮播显示区

2 "5-海报1" "6-海报2" "7-海报3" "8-海报4" "9-海报5" "10-海报6" "11-海报7" 和 "12-海报8" 图片分别作为8个状态的内容, 坐标位置(0,0), 如图11.58所示。

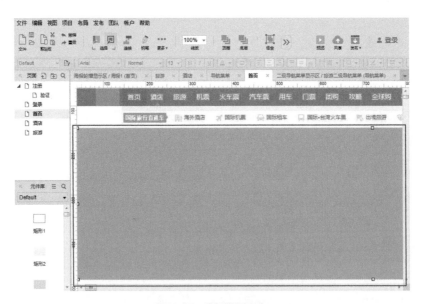

图11.58 海报轮播内容

3 拖曳一个动态面板元件, 动态面板的名称为 "序号轮播显示区", 宽度设置为190, 高度设置为15, 坐标位置(906,422), 建立8个状态, 分别命名为 "序号1" "序号2" "序号3" "序号4" "序号5" "序号6" "序号7" 和 "序号8", 如图11.59所示。

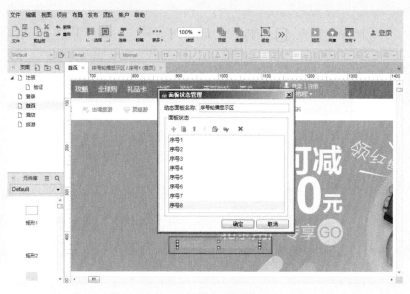

图11.59　序号轮播显示区

4 进入"序号1"状态，拖曳一个椭圆形元件，宽度和高度都设置为15，去掉边框线，作为选中序号；拖曳一个椭圆形元件，宽度和高度都设置为15，颜色填充为灰色（999999），再复制6个，作为未选中序号；第一个序号坐标位置（0,0），最后一个序号位置（175，0），让它们在水平方向上均匀分布，如图11.60所示。

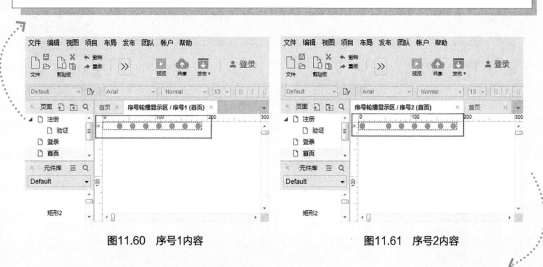

图11.60　序号1内容　　　　　　　　图11.61　序号2内容

5 将"序号1"状态内容复制到"序号2"状态里，调整第一个序号和第二个序号的位置，运用同样的方法设计其他序号状态的内容，如图11.61所示。

6 回到"首页"页面，选中"海报轮播显示区"动态面板，添加载入时触发事件。设置"海报轮播显示区"动态面板的状态为"Next"，向后循环，循环间隔3000毫秒，设置"序号轮播显示区"动态面板的状态为"Next"，向后循环，循环间隔3000毫秒，如图11.62所示。

图11.62　海报轮播效果设置

发布原型可以看一下效果，可以看到海报图片和轮播的序号同步进行轮播，动态地展示广告信息。要注意一点，它们轮播的间隔时间一定要设置成一样的，否则海报图片和序号对应不上。

11.4.7　首页搜索区域导航悬浮效果设计

携程网站首页里，有一个搜索区域，专门针对酒店、机票、自由行、旅游、火车、租车、门票等进行检索。当鼠标悬浮在这些菜单上面的时候，会出现选中效果，如图11.63所示。

视频课程

首页搜索区域导航
悬浮效果设计

图11.63　搜索区域

下面开始制作搜索区域导航菜单悬浮效果。

> **1** 进入"首页"页面，拖曳一个图片元件，用"4-搜索区域"图片替换图片元件，坐标位置（144,171）；拖曳一个动态面板元件，动态面板的名称为"搜索导航显示区"，宽度设置为92，高度设置为42，坐标位置（145,213），状态命名为"导航悬浮内容"，如图11.64所示。

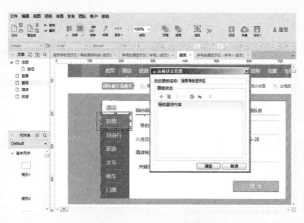

图11.64 搜索导航显示区

2 进入"导航悬浮内容"状态，拖曳一个矩形1元件，宽度设置为92，高度设置为42，去掉边框线；拖曳一个矩形1元件，宽度设置为4，高度设置为40，颜色填充为黄色（FF9900），去掉边框线；拖曳一个文本标签元件，文本内容为"机票"，字体颜色为蓝色（FF9900），字号为17号字，标签命名为"导航内容"，如图11.65所示。

图11.65 导航悬浮内容

3 回到"首页"，将"搜索导航显示区"动态面板隐藏起来，置于底层；拖曳一个图像热区元件，放置在机票导航的上面，给它添加鼠标移入时触发事件，显示"搜索导航显示区"动态面板并且置于顶层，移动"搜索导航显示区"绝对位置（145，214），设置"导航内容"为"机票"，如图11.66所示。

图11.66 机票悬浮交互

4 拖曳一个图像热区元件，放置在自由行导航的上面，给它添加鼠标移入时触发事件，显示"搜索导航显示区"动态面板并且置于顶层，移动"搜索导航显示区"绝对位置（145，256），设置"导航内容"为"自由行"，如图11.67所示。

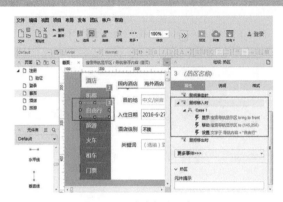

图11.67　自由行悬浮交互

5 拖曳一个图像热区元件，放置在旅游导航的上面，给它添加鼠标移入时触发事件，显示"搜索导航显示区"动态面板并且置于顶层，移动"搜索导航显示区"绝对位置（145，298），设置"导航内容"为"旅游"，如图11.68所示。

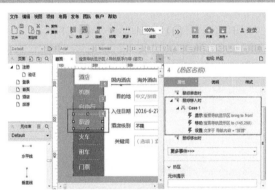

图11.68　旅游悬浮交互

6 拖曳一个图像热区元件，放置在火车导航的上面，给它添加鼠标移入时触发事件，显示"搜索导航显示区"动态面板并且置于顶层，移动"搜索导航显示区"绝对位置（145，340），设置"导航内容"为"火车"，如图11.69所示。

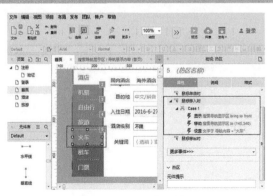

图11.69　火车悬浮交互

7 拖曳一个图像热区元件，放置在租车导航的上面，给它添加鼠标移入时触发事件，显示"搜索导航显示区"动态面板并且置于顶层，移动"搜索导航显示区"绝对位置（145，382），设置"导航内容"为"租车"，如图11.70所示。

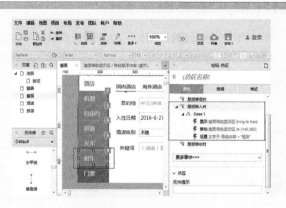

图11.70　租车悬浮交互

8 拖曳一个图像热区元件，放置在门票导航的上面，给它添加鼠标移入时触发事件，显示"搜索导航显示区"动态面板并且置于顶层，移动"搜索导航显示区"绝对位置（145，425），设置"导航内容"为"门票"，如图11.71所示。

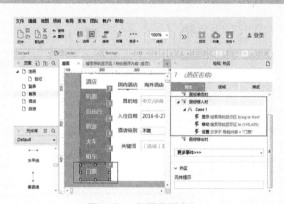

图11.71　门票悬浮交互

9 选中"搜索导航显示区"动态面板，给它添加鼠标移出时触发事件，隐藏"搜索导航显示区"动态面板并且置于底层，如图11.72所示。

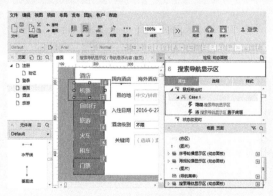

图11.72　隐藏搜索导航显示区

发布原型可以看一下效果。鼠标悬浮在机票、自由行等搜索导航菜单上面的时候，会出现选中状态；鼠标移出时，选中效果隐藏起来。

11.4.8 首页图片放大缩小效果制作

携程网站首页里有很多的旅游广告图片或者酒店广告图片。当鼠标移入这些图片的时候，这些图片会放大，移出的时候图片又会缩小。现在很多的电商网站也是采用这样的方式来给商品图片添加交互效果通过这种动作使图片动起来，如图11.73所示。

图11.73　特卖汇图片

下面开始制作图片放大缩小的交互效果。

1　拖曳一个图片元件，用"20-特卖汇导航"图片替换图片元件，坐标位置（145,529）；拖曳一个矩形1元件，宽度设置为1180，高度设置为390，坐标位置（147,559）；拖曳两个图片元件，用"21-精选导航"和"16-特卖汇-图片3"图片替换图片元件，坐标位置分别为（164,564）和（401,604），如图11.74所示。

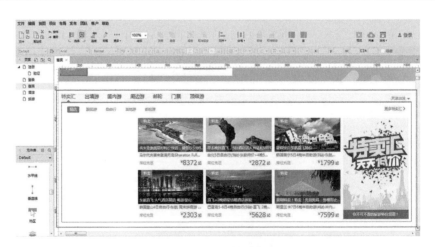

图11.74　特卖汇内容

2　拖曳一个动态面板元件，动态面板命名为"特卖1显示区"，状态命名为"图片"，宽度设置为220，高度设置为110，坐标位置（174,619）；进入"图片"状态，拖曳一个图片元件，用"14-特卖汇-图片1"图片替换图片元件，宽度设置为218，高度为112，如图11.75所示。

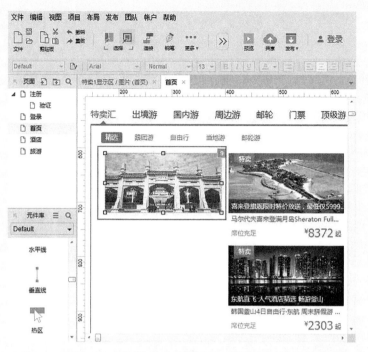

图11.75 特卖1显示区

3 选中"特卖1显示区"动态面板，给它添加鼠标移入时触发事件，设置特卖1显示区的图片尺寸为256*149，固定左上角；添加鼠标移出时触发事件，设置特卖1显示区的图片尺寸为218*122，如图11.76所示。

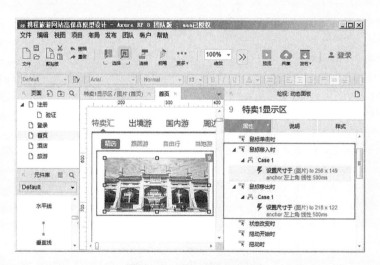

图11.76 特卖1显示区交互

4 复制"特卖1显示区"动态面板，动态面板的名称改为"特卖2显示区"，坐标位置（174,799），用"15-特卖汇-图片2"作为状态内容，宽度设置为218，高度为112；拖曳两个图片元件，用"23-特卖1价格"和"24-特卖2价格"图片替换图片元件，作为价格内容，如图11.77所示。

图11.77　特卖1显示区及价格

5 选中"特卖2显示区"动态面板，给它添加鼠标移入时触发事件，设置特卖2显示区的图片尺寸为276*154，固定中心；添加鼠标移出时触发事件，设置特卖2显示区的图片尺寸为218*122，如图11.78所示。

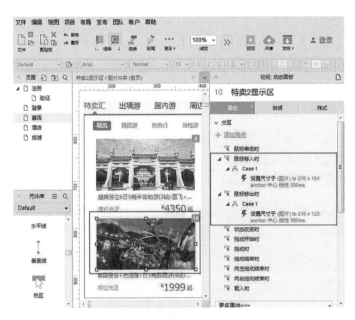

图11.78　特卖2显示区交互

　　发布原型看一下效果。鼠标移入特卖1图片，特卖1图片呈现为放大图片，移出时图片缩小，它的放大和缩小是从左上角固定的；而鼠标移入特卖2图片，特卖2图片呈现为放大图片，移出时图片缩小，它的放大和缩小是从中心固定的。

11.5 小结

本章通过携程旅游网站高保真原型设计，应当做到以下几点。

（1）学会使用文本标签元件、矩形元件、文本框元件、横线元件、图片元件、动态面板元件等进行网站页面的布局设计。

（2）学会使用动态面板进行登录表单的验证，当用户输入用户名和密码的时候，错误的提示信息将出现在动态面板里，根据不同的条件显示不同的提示信息。

（3）学会母版制作的两种方式和3种拖放行为。

（4）学会倒计时交互效果设计和海报轮播效果设计。

（5）学会搜索区域导航悬浮效果和图片放大缩小效果制作。

（6）学会利用Axure软件进行网站的高保真原型设计。

练习

进行携程旅游网站的酒店页面的布局与交互设计。

需求描述：

（1）酒店页面的布局设计；

（2）利用中继器元件设计热门酒店列表；

（3）使用跑马灯的方式显示优惠酒店。

设计思路：

（1）设计酒店页面的布局设计，要用到图片元件、动态面板等元件；

（2）利用中继器元件设计热门酒店列表，设计中继器数据集及中继器的项，将中继器数据集绑定到中继器里显示出来；

（3）跑马灯的方式显示优惠酒店，需要借助于动态面板元件及页面载入时触发事件。

附录 A 移动 App 尺寸速查表

设备类型	设备名称	分辨率（像素）	屏幕尺寸（英寸）
iPhone	iPhone SE	1136×640	4
	iPhone6 plus /6s plus	1080×1920	5.5
	iPhone6/6S	750×1334	4.7
	iPhone5/5C/5S	640×1136	4
	iPhone4/4S	640×960	3.5
	iPhone & iPod Touch第一代、第二代、第三代	320×480	3.5
iPad系列	iPad pro 2	2732×2048	12.9
	iPad 3/4/5/6/Air/Air2/pro	2048×1536	9.7
	iPad 1/2	1024×768	9.7
	iPad Mini2/mini3/mini4	2048×1536	7.9
	iPad Mini	1024×768	7.9
魅族系列	魅族MX1	960×640	4
	魅族MX2	800×1280	4.4
	魅族MX3	1800×1080	5.1
	魅族MX4	1152×1920	5.36
	魅族MX4 Pro	1536×2560	5.5
	魅族MX5	1920×1080	5.5
	魅族MX5Pro	1920×1080	5.7
	魅族MX6-6Pro	1920×1080	5.2
三星系列	三星GALAXY Note 5	2560×1440	5.7
	三星GALAXY Note 4	1440×2560	5.7
	三星GALAXY Note 3	1080×1920	5.7
	三星GALAXY Note II	720×1280	5.5
	三星GALAXY Note 1	1280×800	5.3
	三星 Galaxy C5	1920×1080	5.2
	三星 Galaxy A9	1920×1080	6
	三星 Galaxy A8	1920×1080	5.7
	三星 Galaxy A7	1920×1080	5.5
	三星 Galaxy A5	1920×1080	5.2
	三星 Galaxy S7 edge	2560×1440	5.5
	三星GALAXY S6- S7	2560×1440	5.1
	三星GALAXY S5	1080×1920	5.1
	三星GALAXY S4	1080×1920	5

设备类型	设备名称	分辨率（像素）	屏幕尺寸（英寸）
索尼系列	索尼XperiaZ3~/XperiaZ3+ Dual(Z4) /XperiaZ5	1080×1920	5.2
	索尼Xperia X/XperiaC6	1080×1920	5.0
	索尼T3	1280×720	5.3
	索尼Xperia Z1 Mini	1280×720	4.3
	索尼XL39h	1080×1920	6.44
HTC系列	HTC Desire 820	720×1280	5.5
	HTC One M9+/M10	2560×1440	5.2
	HTC Desire 830	1080×1920	5.5
	HTC One M8/One E8	1080×1920	5.0
OPPO系列	OPPO Find 7	1440×2560	5.5
	OPPO R9 plus/R7plus	1080×1920	6.0
	OPPO R9/R7S/N3	1080×1920	5.5
	OPPO A53	720×1280	5.5
	OPPO N1 Mini	720×1280	5.0
小米系列	小米M5	1920×1080	5.15
	小米M4/4C/4S	1080×1920	5.0
	小米Note	1920×1080	5.7
	红米Note2/Note3	1920×1080	5.5
	小米M3	1080×1920	5.0
	小米红米1S	720×1280	4.7
	小米M2S	720×1280	4.3
	小米MAX	1920×1080	6.44
华为系列	华为 MATE7/MATE8	1080×1920	6.0
	华为 MATES/P9Plus/Honor6 Plus	1080×1920	5.5
	华为 Ascend P7	1080×1920	5.0
	华为Ascend P8/P9/Honor7/honor7i	1080×1920	5.2
锤子系列	锤子坚果U1	1080×1920	5.5
	锤子T1/T2	1080×1920	4.95
LG系列	LG G3/G4	2560×1440	5.5
	LG V10	2560×1440	5.7
	LG NEXUS5X	1920×1080	5.2
	LG G5	2560×1440	5.3

注：1英寸=0.762寸。

附录 B　Axure 快捷键速查表

快捷键类型	操作名称	快捷键
基本快捷键	打开	Ctrl + O
	新建	Ctrl + N
	保存	Ctrl + S
	退出	Alt + F4
	打印	Ctrl + P
	查找	Ctrl + F
	替换	Ctrl + H
	复制	Ctrl + C
	剪切	Ctrl + X
	粘贴	Ctrl + V
	快速复制	Ctrl+D&点击拖曳 + Ctrl
	撤消	Ctrl + Z
	重做	Ctrl + Y
	全选	Ctrl + A
	帮助说明	F1
输出快捷键	生成原型预览	F5
	生成规格说明	F6
	更多的生成器和配置选项	F8
	在原型中重新生成当前页面	Ctrl +F5
工作区域快捷键	下页	Ctrl + Tab
	上页	Ctrl + Shift + Tab
	关闭当前页	Ctrl + W
	垂直滚动	鼠标滚轮
	横向滚动	Shift + 鼠标滚轮
	放大缩小	Ctrl + 鼠标滚轮
	页面移动	Space + 鼠标右键
	隐藏网格	Ctrl + '
	对齐网格	Ctrl + Shift + '
	隐藏全局辅助线	Ctrl + .
	隐藏页面辅助线	Ctrl + ,
	对齐辅助线	Ctrl + Shift + ,
	锁定辅助线	Ctrl + Alt +,

续表

快捷键类型	操作名称	快捷键
元件编辑快捷键	群组	Ctrl + G
	取消群组	Ctrl + Shift + G
	上移一层	Ctrl +]
	置于顶层	Ctrl +Shift +]
	下移一层	Ctrl + [
	置于底层	Ctrl + Shift + [
	左对齐	Ctrl + Alt +L
	居中对齐	Ctrl + Alt + C
	右对齐	Ctrl + Alt + R
	顶端对齐	Ctrl + Alt + T
	垂直居中对齐	Ctrl + Alt + M
	底端对齐	Ctrl + Alt + B
	水平分布	Ctrl + Shift + H
	垂直分布	Ctrl + Shift + U
	减少脚注编号	Ctrl + J
	增加脚注编号	Ctal + Shift + J
	锁定位置和尺寸	Ctrl + K
	解锁位置和尺寸	Ctrl + Shift + K

本书除基础内容外，还提供 27 节拓展课程（使用 Axure RP7.0 版本），涉及 Axure 高级使用技巧，学完本书后可扫如下二维码观看。

拓展课程 1——表单设计与制作

拓展课程 表单设计的影响与原则

拓展课程 表单内容的设计与组织

拓展课程 表单的标签和输入框

拓展课程 "京东商城"注册表单设计案例

拓展课程 表单的输入

拓展课程 表单的即时校验与帮助

拓展课程 表单动作的设计

拓展课程 "京东商城"注册表单交互案例

拓展课程 2——幻灯片轮播效果制作

拓展课程 幻灯片轮播介绍

拓展课程 幻灯片轮播设计

拓展课程 制作幻灯片轮播及交互效果

拓展课程 3——统计图表设计与制作

拓展课程 统计图表应用场合介绍

拓展课程 Excel 设计统计图表

拓展课程 HighChart 设计统计图表

拓展课程 实战：90 后饭碗统计报告设计

拓展课程 4——团队项目协作和 Axure 使用技巧

拓展课程 搭建 Axure 团队项目

拓展课程 获取、编辑、提交团队项目

拓展课程 Axure 使用技巧

拓展课程 5——绘制专业的产品原型

拓展课程 修改日志、版本说明

拓展课程 利用 MindManager 绘制产品结构图

拓展课程 绘制产品流程图

拓展课程 产品原型的交互说明

拓展课程 6——绘制专业的产品原型应用实战：猿题库 App 产品原型设计

拓展课程 绘制原型的注意事项

拓展课程 书写猿题库 App 修改日志、版本说明

拓展课程 绘制猿题库 App 产品结构图、产品流程图

拓展课程 猿题库 App 产品原型设计

拓展课程 书写猿题库 App 交互说明